Pierre Hermé

RÊVES DE PÂTISSIER

皮耶·艾曼的糕點夢

100 道經典糕點的再創新

TK

Pierre Hermé
RÊVES DE PÂTISSIER

皮耶‧艾曼的糕點夢

100 道經典糕點的再創新

攝影：洛洪‧弗 Laurent Fau
食譜編輯：可可‧喬巴 Coco Jobard
歷史：伊芙瑪希‧紀札拉魯 Ève-Marie Zizza-Lalu

 TK

Sommaire

5

6 《 就在混著蛋糕碎的茶湯觸及舌間味蕾的瞬間，我不禁深吸一口氣，
突然驚覺到此刻的神奇體驗。》

MARCEL PROUST, *Du côté de chez Swann,*
À la recherche du temps perdu
馬塞爾‧普魯斯特，追憶似水年華

編註：
1. 法國的麵粉分類從編號45到150，編號越少的麵粉筋度越低。本書中
材料表「麵粉」的部分，若沒有特別標示，請依照以下介紹選擇相對應的
麵粉種類使用。
小麥麵粉。麵粉依其萃取率（與麥粒相較之下所獲得的麵粉量）和純度
而分類，編碼從45號至150號。用於製作糕點的45號麵粉或特級麵粉
（farine supérieure）是最純且最白的麵粉，所含的麩皮（麥粒的表皮）不
多，相似於美國的「蛋糕」麵粉或台灣的低筋麵粉。55號麵粉可「避免結
塊」用於醬汁和液狀鮮奶油上，近似於美國的all-purpose麵粉或台灣的
中筋麵粉，也可以製作法國麵包。而110號麵粉則用來製作全麥麵包。
2. sucre en poudre砂糖（細砂糖）、sucre cristallisé粗砂糖（結晶糖較粗
顆粒的砂糖）、sucre glace糖粉，均是以甘蔗提煉的精製糖，粗細不同。
3. 本書中若無特別標註citron vert青檸檬，所有配方中的「檸檬」皆為
citron黃檸檬。
4. 未經加工處理的檸檬（或柳橙），未經加工處理是指表皮未上蠟，也沒
有農藥的疑慮。
5. 份量未註明的材料，則表示可依個人的喜好而定。

Introduction
介 紹

現代人對於擺在面前的糕點經歷怎樣的神奇旅程，往往一點概念都沒有：它們只是用來滿足口腹之慾而已。但即使是最簡單的甜點，也有它的故事，只是經常隨著時間逝去而受到扭曲或隨風消逝。這些故事裡有發明與創造、食譜的轉變與借用；也和貿易路徑、甚至是敵人入侵直接相關。研究甜點的歷史，便如同展開了穿越時間與漫遊各洲的偉大歷險，和我們同行的，是世界上的頂尖人物，包括皇室、名流，以及其他不知名的糕點師傅們；他們也許在世時便已受到尊崇，有些人的名字也在美食界得到傳頌。

在人類重大的歷史時刻，甜點是如何創造出來的呢？想要一次完全揭露這些祕密是不可能的，但至少你可在本書看到，我們最喜愛的某些甜點，是如何在歷史脈絡中浮現身影。
許多甜點早在羅馬時代就已出現，如端上尼祿皇帝餐桌的冰淇淋，以及在首屆奧林匹克運動會給運動員享用的古老版本起司蛋糕。八世紀時撒拉森人（Sarrasin）*入侵法國，傳入了折層派皮（pâte feuilletée）和薄酥皮（pâte filo）的祕密配方。中古歐洲開始大量甜食問世，成為我們今日的美食傳統，如法式布丁塔（flan）、塔（tarte）、鬆餅（gaufre）。當時的僧侶和修女雖然必須齋戒，但仍愛好美食，競相創造出代替肉類的可口食品。在與世隔絕的修道院中，人們透過不斷的實驗，找出製作蛋糕和糖果的完美配方，包括香料蛋糕（pains d'épices）、馬卡龍，以及後來演變為費南雪（financier）的修女小蛋糕（visitandine）。我們也要感謝凱撒琳•梅迪奇（Catherine de Médicis），古珍逸玩之外，她也將杏仁奶油塔（frangipane）和蛋白霜（meringue）帶進了法國。前波蘭國王、洛林公爵（Duc de Lorraine），史坦尼斯拉（Stanislas Leszczynski），則毫無爭議地和蘭姆芭芭（baba au rhum）與瑪德蓮（madeleine）的創造有關。
當歐洲艦艇開始航向遙遠的新世界，人們發揮創意，方便攜帶、適於長途旅程的甜點也開始出現，一般人逐漸開始在家裡製作，並加以改良，其中包括了水果蛋糕、崔芙鬆糕（trifle）、英式甜湯（zuppa inglese）。
糕點的黃金時期始於十九世紀。原物料的易於取得與技術的進步，讓糕點師傅得以自由發揮創意、大放異彩。每個國家都有其璀璨的時刻。1830年間，法國是創意的先驅。希布斯

特（Chiboust）、朱利安兄弟（les frères Jullien）、吉納（Guignard）、卡漢姆（Carême）、吉爾•古菲（Jules Gouffé）、希席亞克•蓋維雍（Cyriaque Gavillon）…等都是其中的佼佼者；他們所創作的糕點，至今仍持續裝飾著本地糕點店的櫥窗，令法國糕點享譽國際，其中包括了聖多諾黑泡芙塔（saint-honoré）、摩卡蛋糕（moka）、布列斯特泡芙（paris-brest）、閃電泡芙（éclair）、鮮奶油泡芙（chou à la crème）、歐培拉（opéra）等等。

在探究這些傳奇性糕點的過程中，我們瞭解到糕點就像繪畫或文學一樣，是透過模仿、同化而逐步進化而來。創造的步驟，就是運用智慧將早期的範本同化、改造成適合當代的需求，進而發展出新的風格與藝術。Pierre Hermé 皮耶•艾曼秉持著這樣的信念，本書因此而生。他認為，所有的糕點背後，都有著深厚的歷史與文化。在職業生涯之中所累積的知識和經驗，使他有能力激發靈感、進行新的創作。
Pierre Hermé 皮耶•艾曼在本書中，將這50道甜點以自己的方式呈現出來，因此踏上了一條熟悉而自然的道路，也就是對經典的重新詮釋；但他不見得總是遵循同樣的路徑。糕點師可能會在擺盤時，使用一種新技巧，例如將蜜桃梅爾芭（pêche Melba）盛入高腳杯端上桌；他可能會刻意模仿一道經典甜點的字面含意以自娛，例如黑森林蛋糕，就轉變成植有可食小樹的冰淇淋。有時，Hermé 艾曼只是試圖將他曾經感受到的深刻情感再傳遞出去，例如他與聖托佩塔（Tarte tropézienne）的第一次邂逅：濃郁口感的衝擊、厚實皮力歐許麵包層下方新鮮綿密的味覺驚喜。

本書食譜最大的特色，就是 Pierre Hermé 皮耶•艾曼的獨特創造力。令人驚訝的是，他並不需要經過反覆的測試。Hermé 艾曼能夠在心中描繪出他所要的味覺效果，在腦海裡品嚐出來。他只要畫一些草圖，加上一點註解，便足以將他的設計，傳達給他的甜點助手。經過這樣的程序之後，一道新的甜點便誕生了，既非傳統甜點的簡單反映，也非呆板的複製。Pierre Hermé 皮耶•艾曼在延續前人成績的同時，又重寫出另一段歷史的起點：一種美味的更新再造、一種嶄新的愉悅，卻又在我們的心中呼喚出一種熟悉感，不斷回響。

*源自阿拉伯文的「東方人」，在西方的歷史文獻中最常用來統稱穆斯林。

—

這些糕點，自創世以來似乎就已存在，穿越時空，與我們相見。

它們許多都擁有悠久的歷史，也很難追溯確切的創造日期。

有些知名的糕點師，留下了不可磨滅的個人風格印記，

直到今日，他們的名字和這些糕點仍然被世人連結在一起，即使他們並非原創者。

—

LES DOYENS DE LA PÂTISSERIE

最古老的糕點

LE BLANC-MANGER

杏仁奶酪

這是一道古老的食物，但直到近代才正式進入甜點的範疇。在十三至十九世紀之間，這道由杏仁奶、雞肉油脂，以及魚類骨膠組成的神奇混合物，一直在鹹食和甜食之間搖擺不定。當時的廚師也依著自己和顧客的喜好，讓這兩種味道按著不同的比例共同存在。

這道甜點的名稱─blanc manger白色的吃食─已充分說明，它是一種質地滑順、看起來像樹薯（tapioca）的膏狀物，像濃粥一樣質地濃稠，大廚戴爾旺（Taillevent），在其知名的《肉類食譜 Viandier》中，提到它是病人的理想食物。在餐間的任何時段皆可上菜，但通常是用來緩和其他菜餚的辛辣味。

最早對杏仁奶酪感興趣的糕點師是皮耶·德拉瓦漢（Pierre de La Varenne），他在《法國糕點師 Pastissier françois》（1653年）一書中，紀錄了較為美味的作法。在食譜中使用了大量的牛奶、糖和杏仁粉，雞肉和小牛高湯（fond de veau）的比例大大降低。

一直到十九世紀，偉大廚師卡漢姆（Antonin Carême）才使它更接近我們今日熟悉的面貌：以摩卡咖啡（moka）、巧克力、香草、蘭姆酒（rhum）、馬拉斯加酸櫻桃酒（marasquin）、檸檬、杏仁粉（從此成為食譜中固定的原料）、蛋液和吉利丁（gelatin）等所做成的甜點。值得慶幸的是，這裡的吉利丁從此取代了1691年，方索瓦·馬希亞羅（Francois Massialot）所使用的鹿角膠（gelée de corne de cerf）。

杏仁奶酪在登上今日成功甜點的寶座之前，也經過數百年的不斷實驗，在十九世紀上半葉甚至幾乎完全失寵。

今日的杏仁奶酪，仍在持續自我演變，每個糕點師都會自己調整版本。近年來，用小玻璃杯上菜又重新流行起來，但其中的材料仍持續進化，椰奶也常用來取代杏仁奶。歸根究柢，杏仁奶酪，只是一種以乳品、吉利丁及各種風味所操作出來的一種技術甜點。現在的版本，和最初所使用的材料幾乎完全不同，也有人為它妝點上不同的顏色，因此，歷史上最初的版本遺留至今的真實影響，也只剩下名稱而已。

Blanc-manger

杏仁奶酪

準備時間
10分鐘（前一天）
+20分鐘（當天）

冷藏時間
4小時

6人份

Le lait d'amande 杏仁奶
礦泉水 **200克**
砂糖 **100克**
香草莢（gousse de vanille）**2根**
磨碎的新鮮杏仁 **175克**
苦杏仁精（essence d'amande amère）**1滴**

吉利丁片（feuilles de gelatine）**7克**
未經加工處理的檸檬皮 **¼顆**
液狀鮮奶油（crème fraîiche liquide）**275克**

La garniture 水果配料
草莓 **250克**
芒果 **1顆**
奇異果 **2顆**
醋栗（groseille）**½盒**（約125克）
覆盆子 **1盒**（約250克）
桑椹（mûre）**½盒**（約125克）

前一天，製作杏仁奶。將礦泉水、糖、縱向剖開香草莢取下的籽一起煮沸。用食物處理機將磨碎的杏仁打成粉。杏仁粉和苦杏仁精一起混入香草糖漿中。冷藏保存至隔天。

—

當天，過濾杏仁奶。將吉利丁放入冷水中軟化20分鐘。將一個沙拉攪拌盆（saladier）冷凍15分鐘。

—

加熱一部分的杏仁奶，讓瀝乾的吉利丁在裡面溶化。加入剩餘的杏仁奶，以及用刨絲器（râpe microplane）刨下的檸檬皮。

—

在冰涼的沙拉攪拌盆中將液狀鮮奶油打發。在杏仁奶冷卻至約30℃時混入攪拌均勻。將備料倒入直徑20公分的薩瓦蘭蛋糕模（moule à savarin）。冷藏至少4小時，讓奶酪凝固。

—

擺盤時，去掉草莓的蒂頭並切半。芒果削皮去核切成大丁。奇異果削皮切成厚片。醋栗一顆顆摘下。將這些水果和洗淨的覆盆子及桑椹混合。

—

將模型底部快速浸一下熱水，把杏仁奶酪倒扣在盤子上脫模。在周圍擺上綜合水果。享用。

Festival

歡慶

準備時間
30分鐘（前一天）
+1小時（當天）

烹調時間
約50分鐘

冷凍時間
3小時

6人份

Le pain de Gênes 熱內亞蛋糕體
原味杏仁膏（pâte d'amande nature）**200克**
（杏仁含量至少50%）
全蛋 **150克**
法國里卡爾茴香酒（Ricard）**10克**
奶油 **60克**
麵粉 **50克**
泡打粉（levure chimique）**2克**

La bavaroise au lait d'amande
巴伐利亞杏仁凍
礦泉水 **65克**
砂糖 **35克**
苦杏仁精 **1滴**
磨碎的新鮮杏仁 **60克**

吉利丁片 **5克**
全脂鮮乳 **115克**
蛋黃 **65克**
砂糖 **10克**
液狀鮮奶油（crème fraîche liquide）**200克**

Le sirop d'imbibage à la cannelle 肉桂糖漿
礦泉水 **100克**
砂糖 **50克**
錫蘭肉桂棒（bâton de cannelle de Ceylan）**1根**

La garniture 配料
桃子 **300克**
檸檬汁 **15克**
醋栗 **1盒**（約250克）

Le nappage exotique
異國鏡面果膠
砂糖 **50克**
果膠（pectine）**8克**
（於有機商店購買）
礦泉水 **125克**
檸檬皮 **1條**（未加工處理3公分長）
柳橙皮 **1條**（未加工處理3公分長）
香草莢 **½根**
新鮮薄荷葉 **3片**
檸檬汁 **5克**

La meringue italienne
義式蛋白霜
礦泉水 **30克**
砂糖 **120克**
蛋白 **60克**

《 比起經典的杏仁奶酪，美味的歡慶是一款更具糕點特色的版本。當杏仁盛產時，我建議你使用新鮮杏仁並親自研磨。這樣製作出來的杏仁奶，風味無可比擬。》

前一天，旋風式烤箱預熱至140℃。

—

製作熱內亞蛋糕體。電動攪拌機裝上槳狀攪拌器，在攪拌碗中攪打杏仁膏。混入一顆一顆的蛋，接著是法國里卡爾茴香酒。取下槳狀攪拌器，換上球狀攪拌器以盡量拌入大量的空氣。

—

在平底深鍋中將奶油加熱至融化，接著先和少許的杏仁糊混合均勻。麵粉和泡打粉過篩，分次加入杏仁糊中逐漸混合，接著加入奶油杏仁糊的混合料拌勻。將麵糊倒入直徑16公分、高6公分的模型中。入烤箱烘烤約50分鐘。將薄刀插入蛋糕中央確認熟度：刀子抽出時必須保持乾燥。放涼。

—

製作巴伐利亞杏仁凍。將礦泉水、糖和苦杏仁精煮沸。加入磨碎的杏仁。將杏仁糖漿保存在室溫下直到隔天。

—

當天，製作肉桂糖漿。將礦泉水、糖和肉桂棒煮沸。浸泡30分鐘，接著過濾。

—

將熱內亞蛋糕體橫切成3片厚1公分的圓餅，接著再將它們分別裁成直徑8、12和16公分的圓餅。在直徑16公分的半球形模型底部擺上一張以保鮮膜包起，直徑8公分的紙板，用來將甜點的高度截短。

—

...

L'ananas caramélisé à la vanille 香草焦糖鳳梨
成熟但硬的鳳梨 **1** 顆（**1.2** 公斤）
焦糖香草糖漿（sirop à la vanille caramelisé）

La pâte des coques de macarons 馬卡龍餅殼麵糊
糖粉 **150** 克
杏仁粉 **150** 克
蛋黃色食用色素（colorant alimentaire jaune d'œuf）
紅色食用色素（rouge）
蛋白 **55** 克

礦泉水 **35** 克
砂糖 **150** 克
蛋白 **55** 克

可可粉

La sauce au chocolat 巧克力醬
可可脂含量 **70%** 的 Guanaja 瓜納拉黑巧克力（Valrhona）**25** 克
礦泉水 **50** 克
砂糖 **15** 克
高脂法式鮮奶油（crème fraîche épaisse）**25** 克

Le nappage au chocolat 巧克力鏡面
液狀鮮奶油 **80** 克
瓜納拉黑巧克力 **100** 克
奶油 **20** 克
巧克力醬 **100** 克

製作焦糖鳳梨。將鳳梨削皮並去掉「釘眼」，切成 4 塊並去芯。將鳳梨塊放入焗烤盤中，淋上焦糖香草糖漿，入烤箱以 200℃ 烤 40 分鐘，每 10 分鐘翻動一次鳳梨。浸泡至隔天。

—

當天，製作馬卡龍餅殼。將糖粉和杏仁粉一起過篩。將食用色素和第 1 次秤重的蛋白混合，全部倒入糖粉和杏仁粉的混料中，先不要攪拌。將礦泉水和砂糖煮沸至 118℃。糖漿一煮至 115℃，就開始將第 2 次秤重的蛋白以桌上型電動攪拌器打成泡沫狀的蛋白霜，將煮至 118℃ 的糖漿緩緩倒入蛋白霜中，持續攪拌並冷卻至 50℃ 後，再混入糖粉杏仁粉和蛋白的混合物中，一邊拌勻，一邊為麵糊排掉多餘空氣，將麵糊倒入裝有 11 號平口擠花嘴的擠花袋中。

—

在第一個烤盤中擠出 2 個直徑約 6 公分的圓形麵糊（作為圓木蛋糕的兩端），並保持間隔地擠出直徑 4 公分的馬卡龍餅殼麵糊。在第二個烤盤中製作不同大小的餅殼，將烤盤朝鋪有廚房布巾的工作檯輕敲排出麵糊中的大氣泡，再篩上可可粉。靜置 30 分鐘，讓馬卡龍餅殼麵糊的表面結皮。

—

旋風式烤箱預熱至 170℃。

—

將第一個烤盤放入烤箱，烤 14 分鐘，期間將烤箱門快速打開二次。放入第二個烤盤，烤 7 分鐘，期間一樣將烤箱門快速打開二次。出爐時，將餅殼擺在乾淨的工作檯上。

—

製作巧克力醬。將切碎的巧克力、礦泉水、糖和鮮奶油一起煮沸，一邊輕輕攪拌。煮至巧克力醬可附著於湯匙上。

—

製作巧克力鏡面。將鮮奶油煮沸，淋在切碎的巧克力上，放涼至 60℃，接著和奶油、巧克力醬混合。

—

將鳳梨塊瀝乾 1 小時後再切成厚 5 公釐的片狀，擺入小杯（coupelle）中。

—

去掉圓木蛋糕的保鮮膜，為蛋糕鋪上預留的甘那許。將圓木蛋糕冷藏保存 1 小時。以巧克力鏡面包覆，接著在兩端貼上直徑 6 公分的馬卡龍餅殼，並用不同大小的餅殼為圓木蛋糕進行裝飾。冷藏保存至品嚐的時刻，並請搭配焦糖鳳梨一起享用。

LE CAKE AUX FRUITS CONFITS

糖漬水果蛋糕

—

蛋糕的愛好者如果知道以下的事實，一定會莞爾一笑：cake一字，起源於一個古印歐字根，之後形成cook這個英文動詞，以及kochen這個德國動詞。在法文裡，cake（或le cake anglais）就是英式水果蛋糕，沒有別的。這個英語字詞流傳到法國的過程頗為有趣，在十九世紀左右，法國的糕點師之間，流行從外國搜尋靈感。將cake傳入法國的是一位名叫米歐爾（Michel）的巴黎糕點師，他也是製作冰淇淋的專家。這位富有才華的廚師，在蘇格蘭的丹地（Dundee）發現靈感，因為當地正是丹地水果蛋糕（dundee cake）與柳橙果醬（marmelade d'oranges）的誕生地。

丹地水果蛋糕的主要成分，是發酵過的奶油麵團（pâte au beurre levée），再加入糖漬水果和葡萄乾。這種地方特產，最初是由水手帶上船，再從這個海港城市出口到其他地方。而柳橙果醬的故事（或傳說）是這樣的：1790年代，一位名叫詹姆斯·凱勒（James Keiller）的雜貨商，買下了一整船從塞維亞（Séville）運來的柳橙。之後遇到暴風雨，船隊在蘇格蘭低地的東海岸邊避難。這樣一延遲，水果已經過熟了，無法以新鮮的狀態食用，於是精明的凱勒太太便想到可以和糖一起燉煮成果醬來保存。法國歷史學家瑪格羅娜·杜桑－沙馬（Maguelonne Toussaint-Samat）便設想，當時這個雜貨商的妻子，一定是將當地的傳統水果蛋糕，搭配著這特殊的柳橙果醬一起享用，因此將柳橙果醬的起源和丹地水果蛋糕聯結在一起。於是，鋪上柳橙果醬的濃郁丹地水果蛋糕，成了精緻水果蛋糕的祖先，在法蘭西第二帝國時期的優雅巴黎沙龍之間，尤其獲得人們的喜愛。

要避免精緻的糖漬水果黏在模型底部有許多訣竅：其中最重要的是讓麵糊冷藏靜置15分鐘至一個晚上後再倒入模型，或是為糖漬水果和葡萄乾裹上少許麵粉，以增加它們和麵糊之間的附著度。而為了確認水果蛋糕是否烤熟，沒有比刀子更好的檢驗方法：只要在預定的烘烤時間終了，將刀身插入蛋糕中央；若抽出時刀子仍保持乾燥，就表示水果蛋糕已經烤好了。

法國的水果蛋糕變化很多。電影愛好者對1970年，凱撒琳·丹妮芙（Catherine Deneuve）主演由雅克·德米（Jacques Demy）執導的法國電影《驢皮公主Peau d'âne》中的蛋糕配方應該不陌生。在考慮過各種法國糕點後（包括蘋果薩瓦蘭le savarin aux pommes、國王烘餅galette des rois、杏桃塔、夏洛特…），這位年輕的公主選擇為王子製作一道「cake d'amour愛的蛋糕」，並在裡面塞入她的戒指。這個蛋糕和傳統的英式水果蛋糕毫無相似之處，因為在今日，cake這個字已經可以和gâteau相互替換了。它從不列顛諸島流傳過來後，雖然經過了很大的變化，但最傳統的版本，仍值得我們細細尋訪。

Cake aux fruits confits

糖漬水果蛋糕

準備時間
20分鐘（提前4天）

浸漬時間
24小時

烹調時間
約1小時10分鐘

8人份

斯米那葡萄乾（raisins de Smyrne）**100克**
科林斯葡萄乾（raisins de Corinthe）**75克**
陳年棕色蘭姆酒 **250克**
糖漬甜瓜（melon confit）**125克**
軟杏桃（abricots moelleux）**65克**
去核黑棗（pruneaux denoyautes）**65克**
軟化的奶油 **200克**
砂糖 **150克**

全蛋 **200克**
麵粉 **300克**
泡打粉 **½包**（約5克）
整顆糖漬櫻桃 **100克**
杏桃果醬（confiture d'abricots）
3大匙
杏仁片（amandes effilées）**些許**

前一天，沖洗葡萄乾並放入裝有一半蘭姆酒的碗中。浸漬至隔天。

—

提前四天，將甜瓜、杏桃和黑棗切成邊長1公分的丁。

—

旋風式烤箱預熱至180℃。為28×11公分的長方形蛋糕模刷上奶油。

—

將剩餘的奶油放入裝有塑膠刀片食物料理機的攪拌缸中。混入糖攪打2分鐘，接著加蛋，一次一顆，再混入過篩的麵粉和泡打粉，拌至麵糊均勻。

—

混合葡萄乾、浸漬蘭姆酒和糖漬水果丁。混入麵糊中，一邊用刮刀將整個麵糊稍稍舀起翻拌。

—

將三分之一的麵糊倒入模型中，放上約40克的糖漬櫻桃。再蓋上三分之一的麵糊，並在表面再鋪上約40克的糖漬櫻桃，再蓋上剩餘的麵糊。

—

將蛋糕放入烤箱，將溫度調低至160℃，烤約1小時10分鐘。烤10分鐘後，將烤箱門打開，用刷上少許葡萄籽油的刀，沿著長邊將蛋糕表面劃開。烤好後將刀身插入，確認蛋糕的熟度：將刀子抽出時必須保持乾燥。

—

出爐後，讓蛋糕在模型內放涼10分鐘，接著在網架上脫模。刷上另一半的蘭姆酒。

—

將杏桃果醬加熱，過濾後用刷子刷在蛋糕上，鋪上剩餘的糖漬櫻桃和杏仁片。

—

將冷卻的水果蛋糕用保鮮膜包起保存，並在三天後再品嚐。

Cake au thé vert Matcha, yuzu et azuki

柚香抹茶紅豆蛋糕

準備時間
40分鐘

烹調時間
約1小時10分鐘

冷藏時間
2小時

8人份

La gelée aux azuki 紅豆羊羹
礦泉水 **25克**
青檸汁 (jus de citron vert) **10克**
洋菜 (agar-agar) **2.5克**
青檸皮 **1克** (未經加工處理)
新鮮生薑 **2克**
預先煮好的蜜紅豆 (azuki sucrés précuits) **225克**
罐裝砂勞越黑胡椒研磨 **3圈**

La pâte à cake au thé vert Matcha et yuzu
抹茶柚子蛋糕麵糊
中筋麵粉 (farine type 55) **300克**
泡打粉 (levure chimique) **10克**
抹茶粉 (thé vert Matcha en poudre) **25克**
砂糖 **350克**
給宏德鹽之花 **1克**
全蛋 **250克**
法式高脂鮮奶油 (crème fraîche épaisse) **50克**
奶油 **100克**
甜味柚子汁 (jus de yuzu sucré) **100克**

Le sirop d'imbibage au yuzu
柚子糖漿
礦泉水 **65克**
砂糖 **55克**
柚子汁 **30克**

Le glaçage au chocolat blanc et thé vert Matcha
抹茶白巧克力鏡面
伊芙兒覆蓋白巧克力 (couverture Ivoire Valrhona) **240克**
抹茶粉 **10克**
葡萄籽油 **15克**

最後完成
抹茶粉
銀箔 (feuille d'or blanc) **1張**

《 我格外喜愛這樣的味道組合。柚子的果酸和抹茶的細微苦味，與紅豆粉質的口感，形成強烈對比。它們在這道糕點中出奇地協調！》

製作紅豆羊羹。將礦泉水、青檸汁和洋菜煮沸，一邊攪拌。離火，在平底深鍋上方用刨絲刀將青檸皮和生薑刨碎，少量分次地混入紅豆，一邊攪拌。撒上胡椒，倒入二個鋪有保鮮膜且邊長10公分的正方形焗烤盤中。冷藏凝固2小時，接著再冷凍保存。

—

製作抹茶柚子蛋糕麵糊。將麵粉、泡打粉和抹茶粉一起過篩。在裝有塑膠刀片食物料理機的攪拌缸中攪打糖、鹽之花和全蛋5分鐘。再加入鮮奶油、分成小塊的奶油和柚子汁，攪打5分鐘。將攪拌缸取出，用手將過篩的粉類混入蛋糊中。

—

旋風式烤箱預熱至150℃。為28×11公分的長方形蛋糕模刷上奶油並撒上麵粉。

—

將紅豆羊羹切成20個寬1公分的長條。將四分之一的蛋糕麵糊倒入模型中。在模型內放入羊羹，沿著長邊，將羊羹間隔地排成二排，每排使用三條羊羹，並依模型大小將羊羹裁短。重複同樣的動作，再鋪上二層的麵糊和羊羹。倒入剩餘的麵糊，將表面抹平。

—

...

將模型放入烤箱烤30分鐘,將烤盤轉向,再烤約30分鐘。將薄刀尖插入,確認蛋糕的熟度:刀子取出時應保持乾燥。

—

製作糖漿。將礦泉水、糖和柚子汁煮沸。

—

蛋糕出爐時,倒扣在網架上放涼。在下方擺一個長方淺盤,將熱糖漿重覆澆淋在蛋糕上三次,讓蛋糕在網架上瀝乾。連同網架冷藏保存。

—

製作鏡面。用鋸齒刀將伊芙兒覆蓋白巧克力切碎,將巧克力隔水加熱至融化,注意底部的熱水不要碰到裝有巧克力的容器。先取1大匙融化的巧克力,和抹茶粉混合均勻,並和葡萄籽油混合,再全部加入融化的巧克力中。當溫度達40至45℃之間時,將抹茶白巧克力鏡面一次淋在冷卻的蛋糕上。讓鏡面冷卻凝固。

—

為蛋糕篩撒上薄薄一層抹茶粉,並擺上銀箔。

LE CHOU À LA CRÈME

奶油泡芙

蛋糕愛好者總喜歡問：奶油泡芙成功的訣竅到底是什麼？關鍵是泡芙外皮還是奶油內餡？

謹慎的人當然會回答：兩者皆是。但是我們仍不禁要想：若奶油泡芙失去了它甜美的外殼與擁有上千種變化的濃郁內餡，它還能像現在一樣廣受世人的喜愛嗎？更不用說許多知名的糕點也由此衍生，如小泡芙（profiterole）、修女泡芙（religieuse）、泡芙塔（pièces montées）、巧克力閃電泡芙…等。

如果不是一名叫做波普里尼（Popelini）的義大利糕點師，以上的發明自然就不會出現了。他當初隨著凱薩琳‧梅迪奇（Catherine de Médicis），擠在行李車廂內，來到法國。波普里尼用輕盈的麵粉、充分打散的蛋黃、新鮮牛奶和奶油，製作出麵糊，烘烤成中空的小糕點，再趁熱填入糖、更多的奶油和玫瑰花水。

這道糕點後來被稱為「波普里尼Popelini」，幾乎和這位創作者的名字相同，但這個名字，或許是用來強調它如胸部般圓潤的優美形狀，充滿了嬰兒（法文為poupon）喜愛吸吮的飽滿奶汁。這個「波普里尼麵糊」，後來被奧爾良公爵的甜點主廚梯若爾（Tirolay）用來製作成著名的「修女的嘆息pets de nonne」。因為麵糊要扔進油鍋裡炸，因此被人稱為「熱麵糊pâte à chaud」。這個名稱一直沿用到1800年，才轉變

為至今仍廣受世人喜愛的「泡芙麵糊pâte à choux」。內餡奶油的故事也同樣引人入勝。這次是十九世紀初期，安東尼‧卡漢姆（Antonin Carême）想到在泡芙裡填入卡士達奶油醬或鮮奶油香醍，做成泡芙塔（croquembouches，將泡芙用焦糖包覆再堆疊成金字塔），也就是今日廣受喜愛的法國婚禮與洗禮正式蛋糕的前身。為了加速製作過程（這個傑作需要大量的泡芙），安東尼還因此發明了擠花袋（poche à douille），造福後人。

擠花袋發明後不久，圓錐捲筒（cornet）也隨之問世。這要歸功於波爾多地區一位調皮的學徒，他喜歡在工作檯上，用鮮奶油寫上自己的名字。他用販售糖粒杏仁的圓錐包裝紙，將末端剪去，再填入打發鮮奶油。老闆自然發了一頓脾氣，隨後卻意識到，這項發明正可用來裝飾泡芙、餅乾、馬卡龍、義式蛋白霜餅…等。

今日，奶油泡芙的重鎮似乎在美國，尤其是威斯康辛州（Wisconsin）的西艾利斯（West Allis）。每年有11天，數千人來到密爾瓦基（Milwaukee）的郊區，出席州展覽會（State Fair）。主辦單位準備的食物，便是由威斯康辛州烘焙協會所製作的巨大奶油泡芙，供成千上萬的飢餓遊客品嚐。2008年，遊客就吃掉了382 000個泡芙……。

Chou à la crème

奶油泡芙

準備時間
1小時

烹調時間
約30分鐘

12至14個泡芙

La pâte à choux 泡芙麵糊
礦泉水 **125 克**
全脂鮮乳 **125 克**
砂糖 **5 克**
給宏德鹽之花 **5 克**
奶油 **110 克**
麵粉 **140 克**
全蛋 **250 克**

La crème pâtissière
卡士達奶油醬
全脂鮮乳 **500 克**
香草莢 **1 根**
砂糖 **130 克**
卡士達粉 (poudre à flan) **35 克**
麵粉 **15 克**
蛋黃 **120 克**
軟化的奶油 **50 克**

La crème Chantilly 鮮奶油香醍
液狀鮮奶油 **590 克**
砂糖 **20 克**

最後完成
糖粉

旋風式烤箱預熱至200℃。

—

製作泡芙麵糊。將礦泉水、牛奶、糖、鹽之花和奶油煮沸。倒入麵粉,快速攪拌至麵糊變得平滑有光澤,持續攪拌加熱至麵糊滑順有光澤並脫離鍋邊。將麵糊倒入沙拉攪拌盆中,混入蛋,一次一顆持續攪拌。將麵糊填入裝有14號平口擠花嘴的擠花袋中。

—

在鋪有烘焙專用烤盤紙的烤盤上,間隔5公分地擠出直徑約6.5公分的泡芙麵糊。入烤箱烘烤,在10分鐘時熄火。再開火,繼續以170℃烤約20分鐘。烘烤10分鐘後,用木匙卡住烤箱門,讓烤箱門保持微開直到烤完全程。烤好後將泡芙擺在網架上冷卻。

—

製作卡士達奶油醬。將牛奶、縱向剖開兩半取籽的香草莢和糖以平底深鍋煮沸。用打蛋器混合卡士達粉、麵粉和蛋黃。加入三分之一的熱牛奶,一邊攪拌,接著再全部倒回平底深鍋中並煮沸。倒入沙拉攪拌盆中,下墊裝有冰水的鍋中隔冰冷卻,去除香草莢。當奶油醬降至60℃時,混入分成小塊的奶油。取460克的卡士達奶油醬,並將其餘的用於其他食譜中。在卡士達奶油醬表面緊貼上保鮮膜,冷藏保存。

—

製作鮮奶油香醍。在冷凍15分鐘的沙拉攪拌盆中,將液狀鮮奶油打發成鮮奶油香醍,並在中途混入砂糖。取90克的鮮奶油香醍,和冷卻的卡士達奶油醬輕輕混合,再倒入裝有14號平口擠花嘴的擠花袋中。將剩餘的鮮奶油香醍倒入裝有香醍擠花嘴 (douille à chantilly) 的擠花袋中。

—

將泡芙從四分之三的高度切開。在泡芙底部擠出卡士達奶油醬和鮮奶油香醍的混合內餡,在上面再擠出漂亮螺旋狀的鮮奶油香醍。蓋上頂端的泡芙,篩撒上糖粉後品嚐。

Chou Infiniment Citron

檸檬無限泡芙

準備時間
1小時30分鐘

烹調時間
約30分鐘

冷凍時間
20分鐘

12至14個泡芙

La pâte sucrée 甜酥麵團
甜酥麵團 **200克**
（見75頁食譜）
黃色食用色素（colorant alimentaire jaune）幾滴

La pâte a choux 泡芙麵糊
礦泉水 **125克**
全脂鮮乳 **125克**
砂糖 **5克**
給宏德鹽之花 **5克**
奶油 **110克**
麵粉 **140克**
全蛋 **250克**

La crème citron 檸檬奶油醬
檸檬 **3顆**（未經加工處理）
砂糖 **220克**
全蛋 **200克**
新鮮現榨檸檬汁 **160克**
室溫奶油 **300克**

Citron 檸檬
檸檬 **3顆**
糖漬檸檬薄片（lamelles de citrons confits au sucre）**2片**
（於高級食品雜貨店購買）

La crème Chantilly citron 檸檬鮮奶油香醍
液狀鮮奶油 **375克**
檸檬奶油醬（crème citron）**250克**

《我下了許多功夫，在這道檸檬泡芙裡嘗試了不同的風味和口感。希望你咬下的每一口，都感受到打乒乓球般的激盪：綿密之後迎來苦澀、最初的酸味轉化成香甜的餘韻。》

製作甜酥麵團並加入黃色食用色素。在塑膠袋中將麵團壓成1公分的厚度。將麵皮擺在烤盤上，冷凍20分鐘。

—

製作泡芙麵糊。將礦泉水、牛奶、糖、鹽之花和奶油煮沸。倒入麵粉，快速攪拌至麵糊變得平滑有光澤，持續攪拌加熱至麵糊脫離鍋邊。將麵糊倒入沙拉攪拌盆中，混入蛋，一次一顆持續攪拌均勻。將麵糊填入裝有14號平口擠花嘴的擠花袋中。

—

將甜酥麵皮裁成直徑7公分的圓形餅皮。冷凍保存。烤箱以200℃預熱。

—

在鋪有烘焙專用烤盤紙的烤盤上間隔5公分地擠出直徑約6.5公分、高3公分的泡芙麵糊。在每顆泡芙上擺上一張圓形的甜酥餅皮。將泡芙放入烤箱，熄火10分鐘，之後再開火，繼續改以170℃烤約20分鐘。烤10分鐘後，用木匙卡住烤箱門，讓烤箱門保持微開烤完全程。烤好後將泡芙置於網架上冷卻。

—

製作檸檬奶油醬。在沙拉攪拌盆上方，用microplane刨刀將檸檬皮刨成絲，倒入糖，在糖中用雙手搓揉檸檬皮，直到糖形成濕潤的顆粒狀。再加入蛋，全部一起攪拌，倒入檸檬汁攪拌均勻。隔水加熱檸檬蛋糊，一邊用打蛋器攪拌，直到溫度達83℃。在沙拉攪拌盆上方過濾檸檬蛋糊。放涼至60℃後，再混入分成小塊的奶油，用手持式電動攪拌棒以高速攪打檸檬奶油醬約10分鐘，讓脂質分子爆裂，形成滑順的檸檬奶油醬。

—

準備檸檬。將檸檬去皮，去掉檸檬果肉之間的白膜只取果肉，接著將每片檸檬果肉切成3小塊。將糖漬檸檬切成小丁。

—

製作檸檬鮮奶油香醍。在經冷凍15分鐘後的沙拉攪拌盆中攪打鮮奶油，將250克的檸檬奶油醬輕輕混入打發鮮奶油中混合，再倒入裝有香醍擠花嘴（douille à chantilly）的擠花袋中。

—

將泡芙從四分之三的高度切開，在泡芙底部擠出剩餘的檸檬奶油醬，上面交替鋪上檸檬果肉和糖漬檸檬丁，再擠上漂亮螺旋狀的鮮奶油香醍，蓋上頂端的泡芙後品嚐。

LA COURONNE DES ROIS

皇冠蛋糕

—

不論外觀，裡面一定會加入一顆「豆子」烘烤的國王派（galette des rois），從中世紀起，便是第十二夜（Twelfth Night，在法國也稱為眾王的盛宴或主顯節 Epiphany）最重要的糕點。這道屬於國王的法國糕點，在當時會因所在的地區而有著不同的形狀：普羅旺斯是舖上糖漬水果的皮力歐許；法國北部則是扁平的奶油派（galette à la crème）；洛林省（Lorraine）是乾國王派（galette sèche）；里昂是杏仁奶油千層國王派（galette feuilletée à la frangipane）。在堂堂正正的巴黎則是「葛洪弗羅 gorenflot」，一種以啤酒酵母發酵的皮力歐許，和波蘭皮力歐許很像。呈上這道糕點供來人分享，象徵了主顯節的精神，也就是紀念耶穌誕生後，在 1 月 6 日與東方三王（Rois mages）正式的會面。但它也反映了其他異教徒的傳統，如非常受羅馬人歡迎的生育崇拜（cult of fertility）。藏在糕點裡的「豆子」，起初是真正的利馬豆（lima bean），象徵著重生和多產；後來則以代表聖嬰（Christ child）的陶瓷娃娃取代，現在則有其他不同的小玩意。

今天我們所看到的版本，幾乎都是杏仁內餡的環狀酥皮（pâte feuilletée）糕點，這也難怪，鮮少有甜點能帶來這麼深刻的滿足感。咬下細緻的奶油外層後，嘴巴裡同時接觸到仍然溫熱的層層派皮與絲滑的杏仁奶油，怎會有如此的美味！這是千層派與飽滿砂狀杏仁風味的完美結合。但這款「巴黎的」糕點是何時誕生，卻無人知曉。

杏仁奶油（frangipane）的歷史，可追溯至十六世紀。雖然不知詳情，但可以肯定的是，它的美味已使在場的老饕印象深刻。1588 年，一名義大利侯爵默里歐·方奇巴尼（Murio Frangipani），開始推廣帶有杏仁香味的手套；這並不令人意外，因為香水師最初本是製作手套的人。這款義大利香精方奇巴尼（a la frangipani），受到凱撒琳·梅迪奇的熱愛，因此為法國宮廷的糕點師帶來了靈感，使用相同比例的奶油醬和杏仁醬，調和出杏仁奶油（frangipane）。

國王派（galette des rois），不管是添加了水果還是以杏仁奶油（frangipane）製作，都具有悠遠的歷史。舉例來說，1650 年 1 月 6 日，奧地利的安妮（Anne d'Autriche）和兒子路易十四在羅浮宮享用這款蛋糕，按慣例為窮人留下一份，正好就是藏有豆子的。隔天早晨，國王已離開巴黎以逃避投石黨之亂（Fronde），因此「只有吃到豆子的，才算國王」。是否因為這段不好的回憶，使路易十四在位期間，聲稱這項傳統有著異教徒色彩，進而禁止了找到豆子便可當一日國王的習俗呢？1770 年，狄德羅（Diderot）在《百科全書 Encyclopedie》中記述了這件軼事，結語說到：「聖人丹尼斯，既無土地也無城堡。要成為國王，只要豆子蛋糕吃飽。」享用「國王派」的樂趣，也只在一年一度呈上國王蛋糕時，才得以體驗，當然你也可以不受此限…。

Couronne des rois

皇冠蛋糕

準備時間
15分鐘

烹調時間
25分鐘

發酵時間
4小時

冷藏時間
2小時

8人份

La pâte 麵團
麵粉 **250克**
砂糖 **20克**
給宏德鹽之花 **5克**
青檸皮 **¼ 顆**（未經加工處理）
新鮮酵母（levure fraîche de boulanger）**8克**
全蛋 **100克**
橙花水 **25克**
陳年棕色蘭姆酒 **10克**
糖漬橙皮 **35克**
奶油 **150克**

蠶豆（fève）**1顆**

La dorure 蛋黃漿
蛋黃 **1個**
全蛋 **2顆**
砂糖 **3撮**
細鹽 **1撮**

最後完成
杏桃醬
10號珍珠糖
（sucre en grains n° 10）
紅色及綠色糖漬香瓜（melon rouge et de melon vert confit）
2片
糖漬柳橙片
糖漬酸櫻桃
杏仁粒

製作麵團。將過篩的麵粉，連同糖、鹽之花、檸檬皮和弄碎的酵母放入電動攪拌機碗中。以勾狀攪拌棒低速攪打，接著混入蛋，攪打至麵團脫離碗壁。混入橙花水和蘭姆酒，再度攪打至麵團脫離碗壁。

—

將糖漬橙皮切丁，和分成小塊的奶油一起混入麵團中。再度攪打至麵團脫離碗壁。蓋上1條廚房布巾，在室溫下靜置2小時。

—

將麵團壓平排氣，接著冷藏2小時。

—

再次將麵團壓平排氣。擺在鋪有烘焙專用烤盤紙的烤盤上。將麵團的4個角朝中央摺起並加入蠶豆，將麵團翻面並揉成球狀。用拇指在中央按壓，並擴大成圓環狀，蓋上布巾，然後靜置在25℃至28℃之間的環境下，讓麵團的體積至少膨脹成二倍。

—

旋風式烤箱預熱至180℃。

—

製作蛋黃漿。在碗中混合蛋黃、蛋、糖和鹽，刷在皇冠蛋糕上。剪刀用蛋黃漿濕潤，將蛋糕表面剪成麥穗狀。放入烤箱烤20至25分鐘。

—

將杏桃醬加熱至微溫，接著過濾。皇冠蛋糕出爐後，將蛋糕擺在網架上，接著刷上杏桃醬。為皇冠蛋糕蘸上珍珠糖，並用切片的紅色及綠色糖漬香瓜、糖漬柳橙、糖漬酸櫻桃和杏仁粒進行裝飾。

Galette Carré Blanc

白色方塊國王派

準備時間
1小時

烹調時間
約1小時10分鐘

冷藏時間
30分鐘

6人份

La compote de poires et d'airelles 糖煮洋梨藍莓
洋梨 **160克**
砂糖 **100克**
藍莓 **100克**
軟杏桃乾 **20克**
科林斯葡萄乾 **40克**
新鮮柳橙汁 **35克**
楓糖（sucre d'érable）**45克**
錫蘭肉桂粉（cannelle de Ceylan en poudre）**1撮**
君度橙酒（Grand Marnier）**5克**

La crème d'amandes à l'érable 楓糖杏仁奶油醬
奶油 **60克**
楓糖 **60克**
杏仁粉 **60克**
全蛋 **40克**
陳年棕色蘭姆酒 **5克**
卡士達粉（poudre à flan）**8克**
液狀鮮奶油 **50克**

La pâte 反折疊派皮
每塊300克且極冰涼的反折疊派皮（pâte feuilletée inversée）**2塊**（見268頁食譜）

蠶豆 **1顆**

La dorure 蛋黃漿
蛋黃 **1個**
全蛋 **2顆**
砂糖 **3撮**
細鹽 **1撮**

La glace royale des carrés blancs 白方塊皇家糖霜
蛋白 **30克**
糖粉 **135克**
檸檬汁 **1滴**

Le sirop 糖漿
礦泉水 **45克**
砂糖 **50克**

《感恩節時，我在作家朋友朵莉•格琳史班（Dorie Greenspan）家中品嚐了一道糖煮藍莓（compote d'airelles），使我想要研發這道食譜，將糖煮水果用於糕點上。我加入了帶有甘草味的楓糖以降低苦澀，並搭配略為清脆的乾燥洋梨。》

製作糖煮洋梨藍莓。將已削皮去籽的洋梨切成邊長約1.5公分的丁。和糖一起煮5分鐘。加入君度橙酒以外的所有材料，繼續煮5分鐘，一邊攪拌。倒入君度橙酒，再煮5分鐘。

—

製作楓糖杏仁奶油醬。在電動攪拌機中以槳狀攪拌棒低速攪打奶油，接著混入楓糖、杏仁粉、蛋、蘭姆酒、卡士達粉和鮮奶油。攪打均勻後冷藏保存。

—

整型派皮。在撒上麵粉的工作檯上將每塊派皮擀成厚2公釐的正方形餅皮，再將每塊正方形餅皮裁成直徑28公分的圓形餅皮。

—

將第一塊圓形餅皮倒扣在鋪有烘焙專用烤盤紙的烤盤上，距離邊緣3公分處，在餅皮上輕輕描出一個圓，以劃出鋪上楓糖杏仁奶油醬的範圍。

—

用刷子蘸冷水，刷在餅皮邊緣1公分處。鋪上楓糖杏仁奶油醬，並用湯匙的匙背抹平，將蠶豆埋在楓糖杏仁奶油醬邊緣1公分處，在表面鋪上糖煮洋梨藍莓。

—

將第二塊圓形餅皮倒扣在第一塊餅皮上。用指尖按壓兩塊餅皮的邊緣，讓餅皮能夠充分密合。連同烤盤冷藏30分鐘。

…

42 反手（刀身朝向自己）斜握小刀，用刀尖將烘餅連接的邊緣稍微提起。製作月牙形花邊，每間隔1公分就用刀稍微向內壓入，並在每道壓口之間用食指穩定餅皮。

—

製作蛋黃漿。在碗中混合蛋黃、蛋、糖和鹽。為烘餅的整個表面刷上蛋黃漿。待20分鐘後，再為烘餅刷上一次蛋黃漿。反手用刀尖從圓餅中央開始，每間隔2公分為烘餅劃出勻稱的裝飾弧線。將烘餅冷藏保存。

—

旋風式烤箱預熱至90℃。

—

製作皇家糖霜。先製作白方塊的花樣模板（pochoir）。在厚2公釐的紙板上描出1個邊長3公分的方塊，再描出1個邊長4公分的方塊，最後是6公分的方塊。將方塊挖空。

—

攪打蛋白、糖粉和檸檬汁5分鐘。將模板擺在烤盤墊（tapis de cuisson）上，將皇家糖霜鋪在方塊圖案裡。刮成薄薄一層，接著將模板移除。放入烤箱烤15分鐘。

—

將烤箱溫度調高為230℃。

—

在將烘餅放入烤箱的同時，將溫度調低為190℃，烤45分鐘。

—

製作糖漿。將礦泉水和糖煮沸。在烘餅出爐時，用刷子為烘餅刷上糖漿，然後再入烤箱烤3分鐘。

—

將烘餅擺在網架上，放上3塊白方塊的皇家糖霜，微溫時享用。

LA CRÊPE 可麗餅

—

人類的第一片煎餅（pancake），大概可追溯至西元前7000年。配方當然很簡單，穀物壓碎後摻水混合形成粗糙的麵糊，再攤在熱石頭上「煎熟」。從此以後，各個人類文明包括羅馬人、塞爾特人（Celtes）、阿茲提克人（Aztèques）、中國人，都發明了自己的煎餅或可麗餅。厚薄與柔軟度也許並不相同，有甜有鹹，使用的麵粉也有差異（有小麥、蕎麥、稻米、玉米等），也許會加入奶油或植物油，甚至還有加入酒精的。光是在法國，就有各式各樣不同名稱的可麗餅：芙紐多（flognarde）、丹蒂摩爾（tantimolle）、蘭蒂摩爾（landimolle）、沃特（vaute）、夏拉德（chialade）、卡布歐（crapiau）⋯這些特產的共同點，是使用了麵粉、牛奶和蛋。即使有地區上的變化，但都以圓形呈現：這是塞爾特象徵系統中的太陽，也是拉丁和異教傳統中的光。

在法國，聖蠟節（La Chandeleur）是傳統的煎餅節，但確切的由來似乎沒有人知道。異教傳統的蠟燭節（festa candelarum），是為了向牧羊神潘恩（Pan）致敬。二月份牧神節（lupercales）的對象，則是農業女神普希芬妮（Proserpine），也是冬去春來淨化儀式的一部分。在農曆裡，2月2日代表的是白日漸長、大地開始復甦，因此也產生了與氣候有關的俗諺與預言：「到了聖蠟節，未在冬季滅亡的，便會更加強壯」，或是「聖蠟節時若是青草滿地，復活節必有大雪⋯」。

西元492年，教皇傑拉斯一世（Gélase Ier）將異教傳統融入了基督教的聖蠟節，慶祝聖母產後的康復，以及耶穌成為「以色列之光」，和聖母一同在殿堂（temple）裡現身。然而，當我們在聖蠟節製作傳統可麗餅時，仍殘存著久遠之前異教徒的迷信：左手握著一枚金幣，右手持平底煎鍋，俐落地將可麗餅拋起翻轉，不能折疊，也不能勾住吊燈，如此才能保證未來的一年平安富足。

Crêpe

可麗餅

準備時間 10分鐘	*約20片可麗餅* 奶油**35克** 麵粉**100克**
烹調時間 每片可麗餅約2分鐘	砂糖**30克** 全脂鮮乳**300克**
	全蛋**120克** 君度橙酒（Grand Marnier）**10克**
冷藏時間 4小時	柳橙皮（未經加工處理） 葡萄籽油**40克** + 煎餅用

將奶油加熱至融化。

—

將過篩的麵粉和糖混合，並在中央挖出凹槽。

—

牛奶和全蛋混合，倒入凹槽中，從中央朝邊緣漸漸混入麵粉，輕輕混合。

—

當麵糊均勻時，加入冷卻的奶油、君度橙酒、柳橙皮和油，混合。冷藏靜置至少4小時。

—

為可麗餅烤盤（crêpière）抹上薄薄一層油。

—

將可麗餅烤盤加熱後再倒入1勺可麗餅麵糊，每面煎1分鐘。

—

立刻搭配砂糖、各種果醬、柑橘醬或麵包抹醬品嚐。

Crêpe croustillante à la farine de châtaigne

栗酥可麗餅

準備時間
15分鐘（前一天）
+35分鐘（當天）

烹調時間
約40分鐘

冷藏時間
4小時

8人份

Les poires pochées 水煮洋梨
洋梨 **1.5公斤**
檸檬汁 **50克**
香草莢 **2根**
礦泉水 **1.5公升**
砂糖 **750克**

La pâte à crêpes 可麗餅麵糊
奶油 **35克**
全蛋 **150克**
砂糖 **25克**
全脂鮮乳 **300克**
威士忌 **1大匙**
玉米油（huile de maïs）**2.5大匙**
+ 煎餅用
栗子粉（farine de châtaigne）
60克
麵粉（farine de blé）**40克**

Le sorbet aux poires 洋梨雪酪
水煮洋梨 **500克**
砂糖 **100克**
檸檬汁 **12克**
洋梨白蘭地（williamine）**10克**

La glace aux marrons glacés
糖栗冰淇淋
糖栗碎 **50克**
威士忌 **1小匙**
蛋黃 **40克**
砂糖 **30克**
全脂鮮乳 **220克**
栗子泥（crème de marron）
210克

Les marrons braisés 煮栗子
奶油 **30克**
熟栗子（真空包裝）**200克**
紅糖 **30克**
罐裝砂勞越黑胡椒研磨 **2圈**

《 我想要的是多重味覺經驗的驚喜一
栗子粉可麗餅的酥脆感，
帶有微甜的煙燻風味，
混合著糖栗冰淇淋與洋梨雪酪的滑順口感。》

前一天，製作水煮洋梨。將洋梨削皮，切半並去籽，淋上檸檬汁。將香草莢縱向剖開成兩半並刮出籽。將礦泉水、糖、香草籽和香草莢一起煮沸，加入洋梨再次煮沸後離火。蓋上烤盤紙和一個盤子，讓洋梨持續浸泡在糖漿中。浸漬至隔天。

—

製作可麗餅麵糊。將奶油加熱至融化。攪打蛋和糖，加入牛奶、威士忌、冷卻的奶油、油和過篩的麵粉，攪拌均勻。將麵糊冷藏靜置4小時。

—

為可麗餅烤盤（crêpière）抹上薄薄一層油。倒入1勺可麗餅麵糊，並讓麵糊朝各個方向攤開，在餅皮周圍開始翹起時，用鍋鏟（spatule）翻面，另一面再煎約1分鐘。

—

旋風式烤箱預熱至50℃。

—

將所有的可麗餅捲起，將一半的可麗餅切成細條狀。均勻地擺在鋪有烘焙專用烤盤紙的烤盤上。入烤箱以餘溫烘乾一整晚。另一半的可麗餅用保鮮膜包起，冷藏保存至隔天。

…

Crêpe croustillante à la farine de châtaigne

當天，製作洋梨雪酪。將水煮洋梨瀝乾，用食物處理機攪打500克的洋梨、糖、檸檬汁和白蘭地，再倒入冰淇淋機依使用說明製作成雪酪。

—

製作糖栗冰淇淋。用威士忌浸漬栗子碎。混合蛋黃和糖，將牛奶和栗子泥以平底深鍋煮沸，一部分倒入蛋黃和糖的混料中，接著再將奶蛋糊倒回平底深鍋中，加熱攪拌至溫度達85℃。立刻倒入下墊一盆冰塊的沙拉攪拌盆中，放涼。接著倒入冰淇淋機依使用說明製成冰淇淋。將冰淇淋取出，加入威士忌栗子碎。冷凍保存。

—

製作煮栗子。將奶油加熱至融化，加入栗子和紅糖，撒上胡椒煮3至4分鐘。將栗子敲碎成大塊。

—

將剩餘的水煮洋梨切成大丁。將冷藏保存的可麗餅切成條狀，將可麗餅條擺在8個大玻璃杯（coupe）中，放上2球洋梨雪酪、1球糖栗冰淇淋，再以烤過的酥脆可麗餅、水煮洋梨丁和煮栗子進行裝飾。即刻品嚐。

LE FLAN

法式布丁塔

—

法式布丁塔，或稱為烤卡士達（baked custard）和起司餡餅（talmouse）與以模型烘烤的酥皮糕點（dariole）等，都是中古世紀時期的重要食物。美食歷史學家發現了兩種食譜的存在，一種帶有糕點外殼，另一種則無。要創造出法式布丁塔典型的卡士達質感，必備的材料是蛋、牛奶或起司。用法式布丁塔模（flan case）來烘烤時，即使在當時物質匱乏的年代，製作外殼的麵團仍會添加蛋和奶油，增加濃郁感，也就是基本油酥麵團（pâte brisée）的起源。在十四世紀法國宮廷廚師紀堯姆·提黑（Guillaume Tirel，人稱戴爾旺 Taillevent）的時代，法式布丁塔的種類驚人，有芙拉翁（flaons）、芙隆西歐（flanciaux）等，其中有鹹有甜，甚至巧妙地融合了這兩種味道。它沒有標準的食譜，而是因應著混合卡士達多變的特性，發展出許許多多的變化與詮釋。

在比利時，法式布丁塔是村莊節慶中十分重要的傳統角色。《法國糕點甜食的偉大故事 La Grande Histoire de la pâtisserie-confiserie française》記載了一道份量驚人的食譜：36個肉桂小圓麵包（couques）、1.5公斤的香料蛋糕、1.5公斤的紅糖（cassonade）、12顆蛋、7.5公升的牛奶、糖漿、橙皮、肉豆蔻皮（macis）、1根肉桂棒和蘭姆酒。裡面也提到了一道布魯塞爾布丁塔（tarte au flan bruxelloise），內餡是香草卡士達奶油醬（vanilla crème pâtissière），可能因此影響了「巴黎布丁塔 flan parisien」的誕生，因為兩者實在很相似。

若是不提到著名的蛋白霜法式布丁塔（meringue flan），法式布丁塔的歷史就不夠完備，這是吉雷爸爸（Père Quillet）在1840年的夏季，於巴黎布齊街的糕點店所創作出來的。一位學徒準備了過多的卡士達奶油醬，吉雷不願浪費，便將這些奶油醬填入布丁模中，再撒上糖，但仍覺得少了點什麼。另一位來自波爾多的年輕學徒休梅特（Chaumette），建議用條狀的義式蛋白霜進行裝飾，送入烤箱烘烤一下，就此誕生了一道創意特產，人們不斷地複製模仿，吸引了全巴黎的老饕！

Flan

法式布丁塔

準備時間
15分鐘（前一天）
+30分鐘（當天）

烹調時間
約1小時

冷藏時間
2小時

冷凍時間
30分鐘

6人份

La pâte brisée 油酥麵團
室溫奶油 **125克**
砂糖 **3克**
給宏德鹽之花 **3克**
全脂鮮乳 **30克**
蛋黃 **10克**
麵粉 **170克**

Le flan 法式布丁餡
全脂鮮乳 **375克**
礦泉水 **375克**
全蛋 **200克**
砂糖 **210克**
卡士達粉（poudre à flan）**60克**

前一天，製作油酥麵團。在裝有塑膠製麵團攪拌扇的食物料理機碗中混合奶油、糖和摻入牛奶的鹽之花，接著是蛋黃。將上述材料打至均勻時，加入麵粉，並快速攪拌至材料成團。蓋上保鮮膜，冷藏靜置一整晚。

—

當天，將油酥麵團擀成直徑約30公分的圓形餅皮，接著冷藏靜置30分鐘。

—

為直徑22公分、高3公分的慕斯圈（cercle à pâtisserie）刷上奶油。擺在鋪有烘焙專用烤盤紙的烤盤上。將圓形餅皮放入慕斯圈中，接著切去超出邊緣的多餘餅皮。將烤盤冷藏1小時30分鐘，接著冷凍30分鐘。

—

製作法式布丁餡。以小火將牛奶和礦泉水煮沸。在另一個厚底的不鏽鋼平底深鍋中，混合蛋、糖和卡士達粉。將煮沸的牛奶和水以細流狀緩緩倒入鍋中，不停攪拌。煮沸，持續攪拌5分鐘。將法式布丁餡倒入沙拉攪拌盆中，下墊裝有冰塊的隔水加熱鍋中隔冰冷卻，不時攪拌。

—

旋風式烤箱預熱至170℃。

—

將法式布丁餡倒入冷凍過的圓形餅皮（cercle de pâte）中。入烤箱烤至少1小時。放至完全冷卻後再脫模，並在冰涼時品嚐。

Émotion Éden

伊甸激情

準備時間
20分鐘

烹調時間
約45分鐘

10人份

La gelée au safran 番紅花果凝
吉利丁片 **5克**
礦泉水 **200克**
砂糖 **50克**
番紅花雌蕊（pistils de safran）
約 **15根**
白醋 **8克**

La crème brûlée au safran
番紅花烤布蕾
全脂鮮乳 **180克**
砂糖 **25克**
金合歡花蜜（miel d'acacia）
35克
番紅花雌蕊約 **30根**
液狀鮮奶油 **18克**
蛋黃 **100克**

Les pêches et abricots moelleux 桃子與軟杏桃
黃桃（peche jaune）**500克**
軟杏桃 **100克**
檸檬汁 **15克**

《高腳杯裡的美味，每一種都很簡單，
確有著不尋常的組合：新鮮蜜桃混合了
柔軟成熟的杏桃，再以番紅花調味，
和同樣加了番紅花的烤布蕾一起品嚐，
十分協調。伊甸激情，是巴黎皮耶艾曼
糕點店裡著名的風味之一。》

製作番紅花果凝。讓吉利丁在冷水中浸泡20分鐘。將水、
糖和番紅花煮沸，浸泡5分鐘。

—

混入瀝乾的吉利丁和醋，倒入盤中至淺淺的厚度，讓番紅花
能夠在液體中散開來，將果凝冷藏凝固。

—

旋風式烤箱預熱至90℃。

—

製作番紅花烤布蕾。將牛奶、糖、蜂蜜和番紅花煮沸，浸泡
5分鐘。將鮮奶油和蛋黃、浸泡番紅花的牛奶混合，將奶油
醬分裝至10個玻璃杯中。放入烤箱烤約40分鐘。在室溫下
放涼後再將玻璃杯冷藏。

—

準備水果。將黃桃和杏桃切成邊長1公分的丁，淋上檸檬
汁。混合水果，接著鋪在烤布蕾上。

—

用叉子攪拌在盤中凝固的番紅花果凝，放在水果上。冷藏保
存至享用的時刻。

LE MACARON 馬卡龍

—

過去的馬卡龍也許是扁平有裂紋的、中央穿了一個洞，或像皇冠般突起，和我們今日熟悉的形狀與風味大相逕庭。將兩片貝殼狀的餅乾貼在一起，平坦的那一面朝內，中間是特殊風味的奶油夾心，這是典型的巴黎風格，也有人稱之為「吉貝馬卡龍macaron Gerbet」，這個也許有點過時的迷人名稱，來自它的創造者─糕點師克勞德·吉貝（Claude Gerbet）。不過，這名巴克街糕點師與皮耶·德方丹（Pierre Desfontaines）的後輩彼此仍有爭議，因為德方丹是路易─厄尼斯特·拉杜蕾（Louis-Ernest Ladurée）的遠房親戚，而路易在1930年的皇家街上，已擁有一家知名的糕點屋，廣受巴黎社會名流的喜愛，據說他才是這種馬卡龍的創始人。事實上，是吉貝發想出將餅殼兩兩接合的概念，而後才是路易靈機一動，在馬卡龍中間加入餡料─甘那許、奶油醬、果醬、慕斯等等。酥脆與滑順口感之間的美妙結合，就此誕生。接著，大師皮耶·艾曼更進一步創造出變化萬千的風味與色彩，包括了各種水果、香料和花卉，以及彼此之間的神奇組合，馬卡龍於是成為二十一世紀的時代象徵之一。

最基本的馬卡龍製作技術，其實已經很古老了。世界上第一片馬卡龍，出現在杜爾（Tours）附近，科梅希修教堂（Cormery Abbey）的高牆之後，它的中央有一個頗具特色、耐人尋味的洞，據說是受到僧侶肚臍的形狀而啟發。其他和這精緻的點心也有關係的法國城市，還包括了南錫（Nancy）、蒙莫里永（Montmorillon）、聖艾米隆（Saint-Emilion）、漢斯（Reims）和聖讓德呂（Saint-Jean-de-Luz）。南錫當地獨特的配方，是由修女所發明。馬卡龍是以杏仁製作，正好適合修女的飲食習慣，因為她們遵從亞維拉聖德瑞莎（sainte Thérèse d'Avila）的教誨：「杏仁對茹素的女子有益。」法國大革命時期，其中的兩名修女到哈許路（rue de la Hache）上一位當地的醫師家中避難，並在那裡開始販售起她們著名的馬卡龍。哈許路從此也改名為「馬卡龍姐妹路rue des Soeurs-Macarons」。

另外還有傳說提到，從伍麥葉王朝（omeyyade）起，便有一種名叫louzieh的糕點（loz是阿拉伯文杏仁之意），和馬卡龍很類似，有證據顯示，在十五世紀的敘利亞便已存在。然而，十九世紀的美食作家則認為，馬卡龍是由凱撒琳·梅迪奇（法國國王亨利二世的妻子）從義大利帶來的。我們可以確定的是，「馬卡龍macaron」來自義大利文的「macarone」，意思是「質地細緻的麵糊」。1943年首次出版的《法國廚藝L'Art culinaire francais》將這種麵糊形容為「molette柔軟」，馬卡龍的奧密深藏其中。馬卡龍的成分一定有糖、杏仁粉和蛋白，以刮刀拌至均勻平滑，依食材比例和技術而異，質地有柔軟或酥脆的變化。大家一致同意，馬卡龍是柔軟與酥脆口感的驚人邂逅，因而有別於同一家族的其他糕點，如義大利杏仁餅（amaretti）或杏仁糖（massepain）等。玫瑰、茉莉、綠茶和白松露等口味，是後來才增加的風味。

Macaron vanille

香草馬卡龍

準備時間
5分鐘（提前5天）
+約1小時（前一天）

烹調時間
約12分鐘

靜置時間
30分鐘

約72個馬卡龍

La pâte des coques de macarons 馬卡龍餅殼麵糊
蛋白 **220**克
糖粉 **300**克

杏仁粉 **300**克
香草莢 **3**根
礦泉水 **75**克
砂糖 **300**克

提前5天，打蛋，將蛋白和蛋黃分離，並將220克的蛋白冷藏保存。蛋黃使用在其他食譜。

—

前一天，製作馬卡龍餅殼。將糖粉和杏仁粉過篩。香草莢縱向剖開取出籽，放入糖粉和杏仁粉的混料中。倒入一半的「液狀」（liquefié）蛋白，不要攪拌。

—

將礦泉水和砂糖煮沸至118℃。當糖漿的溫度達到115℃時，開始將另一半的「液狀」蛋白打成泡沫狀蛋白霜。

—

將煮至118℃的糖緩緩倒入打發的蛋白霜中。持續攪拌至溫度降為50℃，再混入糖粉和杏仁粉的備料中，一邊攪拌讓麵糊排掉多餘空氣。將麵糊倒入裝有11號平口擠花嘴的擠花袋中。

—

在鋪有烘焙專用烤盤紙的烤盤上，間隔2公分地擠出直徑約3.5公分的圓形麵糊。將烤盤朝鋪有布巾的工作檯輕敲，讓餅殼結皮30分鐘。

—

旋風式烤箱預熱至165℃。

—

將烤盤放入烤箱。烤約12分鐘，在中途將烤盤轉向。

—

出爐時，讓少量水均勻地流過烤盤紙，讓餅殼冷卻。取下將餅殼兩兩疊合。

—

將馬卡龍冷藏保存24小時。在品嚐前2小時取出。

Macaron Indulgence

縱情馬卡龍

《這款馬卡龍，我想盡情表現出豌豆的新鮮風味，以『英式』的烹調方式，將豌豆和薄荷一起烹煮。我極少在製作糕點時使用利口酒（liguor），但在此為了強調甘那許中薄荷的新鮮清涼風味，便加入了微量的葫蘆綠薄荷利口酒。》

準備時間
5分鐘（提前5天）
+約1小時30分鐘（前一天）

烹調時間
約25分鐘

靜置時間
30分鐘

約72個馬卡龍

La ganache à la menthe fraîche 新鮮薄荷甘那許
新鮮薄荷葉 **10片**
液狀鮮奶油 **300克**
（脂肪含量32-34%）
伊芙兒覆蓋白巧克力
（couverture Ivoire Valrhona）
300克
葫蘆綠薄荷利口酒
（Pippermint Get）**15克**
杏仁粉 **120克**

La pâte des coques de macarons 馬卡龍餅殼麵糊
蛋白 **220克**
糖粉 **300克**
杏仁粉 **300克**
薄荷綠食用色素 **3至4克**
礦泉水 **75克**
砂糖 **300克**

Les petits pois au sucre 糖煮豌豆
豌豆 **250克**（去殼新鮮或冷凍）
礦泉水 **500克**
砂糖 **40克**
細鹽 **1撮**

提前5天，打蛋，將蛋黃和蛋白分離，並將220克的蛋白冷藏保存。蛋黃使用在其他食譜。

—

前一天，製作薄荷甘那許。將薄荷葉切成細碎。將鮮奶油煮沸後離火，加入碎薄荷葉，但不要加蓋，浸泡但勿超過10分鐘。過濾鮮奶油，取出碎薄荷葉，用果汁機打成細碎。

—

將切碎的伊芙兒覆蓋白巧克力放入沙拉攪拌盆中，隔水加熱至融化。將浸泡好的薄荷鮮奶油分三次倒入巧克力中，並在每次之間拌均勻。混入碎薄荷葉、葫蘆綠薄荷酒和杏仁粉。冷藏保存。

—

製作馬卡龍餅殼。將糖粉和杏仁粉過篩。將食用色素和一半的「液狀」（liquefié）蛋白混合，倒入糖粉和杏仁粉的備料中，不要攪拌。

—

將礦泉水和砂糖煮沸至118℃。當糖漿的溫度達到115℃時，開始將另一半的「液狀」蛋白打成泡沫狀的蛋白霜。一邊將煮至118℃的糖緩緩倒入打發的蛋白霜中，一邊持續攪拌至溫度降至50℃，再混入糖粉和杏仁粉的備料中，一邊攪拌讓麵糊排出多餘的空氣。將麵糊倒入裝有11號平口擠花嘴的擠花袋中。

—

在鋪有烘焙專用烤盤紙的烤盤上，間隔2公分地擠出直徑約3.5公分的圓形麵糊。將烤盤朝鋪有布巾的工作檯輕敲，讓餅殼結皮30分鐘。

—

旋風式烤箱預熱至165℃。

—

將烤盤放入烤箱。烤約12分鐘，在中途將烤盤轉向。

—

出爐時，將餅殼擺在工作檯上，放至完全冷卻。

—

製作糖煮豌豆。在煮沸的礦泉水中放入豌豆、糖和鹽，煮4分鐘。將豌豆移至冰水中降溫，再次瀝乾後擺在吸水紙上晾乾。

—

將薄荷甘那許倒入裝有11號平口擠花嘴的擠花袋中。

—

在一半的餅殼上擠出大量的薄荷甘那許。在甘那許中央擺上3小顆豌豆，再蓋上另一片餅殼。

—

將馬卡龍冷藏保存24小時。在品嚐前2小時取出。

L'OUBLIE

烏布利捲餅

二十世紀初期的巴黎街頭，常可聽到小販叫賣著：「"V'la le plaisir, Mesdames! V'la le plaisir!" 這就是享受，女士！這就是享受！」，烏布利捲餅在當時炙手可熱，裝在附有小滾輪蓋的大圓盒裡保存，但它們卻在第一次世界大戰末期消失了。不過，這些小販的前身，販賣捲餅的人（obloyeur 烏布利師），最早便已出現在 1270 年巴黎行政長官埃蒂安‧布瓦洛（Étienne Boileau）所寫的《職業目錄 Livre des métiers》裡，他們甚至可說是糕點師（pâtissier）的前身。

最初的烏布利師其實具有宗教上的功能：他的工作，就是製作聖餐或烏布雷（oblées）（來自希臘文的 obelias，意即「祭品」），以供聖體聖事（Eucharist）的慶祝之用。他們的活動和品行，都受到教士的密切監督。到了十三世紀，開始增加產品的種類，推出烏布利餅（oublies），也就是圓柱或圓錐狀的薄餅（gaufres），並以紋章或宗教圖案來裝飾。麵糊的配方，也從一開始簡單的麵粉、水和 1 小撮鹽，很快轉變成加入了蛋、糖、牛奶和蜂蜜的版本。這種較為濃郁的配方稱為「加強版烏布利 oublies renforcées」，也就是現代煎餅的祖先。作法是將麵糊鋪在二片平坦的圓形鐵板中間，再置於火上烘烤。鐵板上有花紋圖案，變化繁多。國王法蘭索瓦一世（Francois Ier）是烏布利捲餅的愛好者，還請他的金匠特製了專屬的銀模，以他的紋章和名字縮寫作為裝飾。

到了十五世紀，烏布利捲餅販售者人數激增，每日至少生產一千個，還不包括其他的小蛋糕、燙餅（échaudé）和鹹餅（rissole）。1566 年，查理九世將這些烘焙業者正式納入公會，並賦予他們頭銜：Mastres de l'art Patisser et Obloiers（糕點與烏布利技藝大師）。

我們不知道煎餅（gaufre）究竟是誰發明的，但無疑是一名鐵匠，他將兩塊鐵板卡裝在一起，製造出一種輕巧的特製模具，並且滿布細孔、如蜂巢般的圖案。事實上到了十二世紀，walfre 這個古法蘭克語（法蘭克人的語言）便意味著「蜂巢」，之後轉變成法文的 gaufre 以及英文的 waffle。等到好幾個世紀過去，撒上厚厚糖粉的鬆餅，也斬釘截鐵地取代了烏布利捲餅小販所提供的細緻享受。

Oublie

烏布利捲餅

準備時間
10分鐘

烹調時間
每片烏布利捲餅約幾分鐘

靜置時間
6小時

約30片烏布利捲餅

全蛋**150克**
砂糖**250克**
室溫軟化的奶油**150克**

麵粉**250克**
細鹽**2撮**
檸檬皮末**1顆**（未經加工處理）
玉米油（huile de maïs）

將蛋和糖打至形成泛白濃稠狀。

—

混入奶油、麵粉、鹽和用刨絲器刨碎的檸檬皮，攪拌均勻。
讓麵糊在室溫下靜置6小時。

—

為法式薄餅機（l'appareil à bricelets）刷上油並加熱。放上
1小匙的麵糊，將機器蓋上，烤幾分鐘。

—

將薄餅取下，攤平或捲起，或是製成如瓦片般的彎曲形狀。

—

用剩餘的麵糊重複同樣的動作。將烏布利捲餅保存在密封的
保鮮盒中。

Gaufre pistache comme un sandwich

開心果鬆餅三明治

準備時間
15分鐘（前一天）
+20分鐘（當天）

烹調時間
約50分鐘

冷藏時間
1小時

6人份

La crème onctueuse au chocolat noir
黑巧克力滑順奶油醬
蛋黃 **120克**
砂糖 **125克**
全脂鮮乳 **250克**
液狀鮮奶油 **250克**
可可脂含量70%的瓜納拉黑巧克力（Valrhona）**200克**

Les raisins au safran
番紅花葡萄乾
金黃葡萄乾（raisins secs blonds）**80克**
礦泉水 **200克**
金合歡花蜜（miel d'acacia）**20克**
番紅花雌蕊 **9根**
新鮮生薑片 **3片**
細鹽 **1撮**
罐裝砂勞越黑胡椒研磨 **3圈**

La pâte à gaufres 鬆餅麵糊
開心果醬（pâte de pistache）**65克**
全脂鮮乳 **40克**
給宏德鹽之花 **1克**
砂糖 **100克**
蛋黃 **50克**
蛋白 **50克**
液狀鮮奶油 **190克**
麵粉 **115克**
泡打粉 **5克**
奶油 **90克**
葡萄籽油

《這款鬆餅真的與眾不同，具備了三重完美搭配的口感：鬆餅酥脆可口、浸潤在香辣糖漿中的葡萄飽滿多汁，苦味黑巧克力奶油醬如絲般口感。滑順的巧克力遇到了番紅花糖漿，形成對比的驚喜。》

前一天，製作黑巧克力滑順奶油醬。將蛋黃和糖混合。將牛奶和鮮奶油以平底深鍋煮沸。

—

將部分牛奶和鮮奶油的混料倒入蛋黃和糖的混合糊中。再全部倒回平底深鍋中，以小火加熱攪拌至達85℃。

—

將上述熱蛋奶醬分2次倒入切碎的巧克力中，以手持式電動攪拌棒攪打均勻。冷藏保存至隔天。

—

製作番紅花葡萄乾。沖洗葡萄乾，用礦泉水、蜂蜜、番紅花、削皮並切成極碎的薑、鹽和胡椒煮15分鐘。冷藏保存至隔天。

—

當天，製作鬆餅麵糊。用牛奶將開心果醬調稀，接著依序加入鹽之花、糖、蛋黃、蛋白和鮮奶油。輕輕倒入麵粉和泡打粉，接著混入融化且放涼的奶油攪拌均勻。將麵糊冷藏保存1小時。

—

以熱好的電動鬆餅機烤鬆餅，並在每次烘烤後刷上油。

—

將每塊鬆餅切成3份。在作為三明治底層的一塊鬆餅上擺一些番紅花葡萄乾和2小球的苦甜巧克力滑順奶油醬。再蓋上另一塊鬆餅。在鬆餅微溫時品嚐。

LE PAIN D'ÉPICES

香料蛋糕

—

香料蛋糕的歷史，也可說是人類文明演化的歷史，因為它述說著古時候的麵包轉變成蛋糕的故事。將麵包加入糖、蜂蜜和／或香料來增添風味，這樣的想法從久遠之前就存在了。根據老普林尼（Pliny the Elder）的著作所述，埃及、希臘和羅馬都進行過這樣的實驗，雖然他書中提到的 panis mellitus，和今日的蜂蜜蛋糕（honey cake，也就是法國人所說的「pain d'épices 香料蛋糕」）並不相似。

這款法國蛋糕的現代外觀和中國的米糕（mi-king 蜂蜜甜糕）很相似，它是專為十世紀唐朝皇帝所享用。成吉思汗（Gengis Khan）發現它能補充能量，於是下令作為軍隊口糧，透過蒙古騎兵傳到了西方。

雖然是透過侵略使蜂蜜蛋糕和香料蛋糕流入歐洲，這種蛋糕在歐洲卻成了權力和財富的象徵。珍貴的香料傳入後，王公貴族便開始用薑、肉桂、小荳蔻、丁香等，來為蜂蜜蛋糕增添風味、提升等級。製作時，要先將蛋糕用蜂蜜浸潤，再靜置六個月，也進一步提升了蛋糕的成本和稀有性。

如此的耐心，有部分原因是因為最初製作香料蛋糕的人是僧侶。他們製作神聖的甜味糕點（鹹味糕點屬於異教文化）以販售給朝聖者。此外，十七世紀初期出版的好幾本著作裡，都提到這款蛋糕對人體的益處。於是，中國的米糕成為法國人在還願盛宴時偏愛的甜點，如聖尼古拉節（Saint-Nicolas），以及之後的異教節日，如寶座遊樂園（Foire du Trône）—香料蛋糕會製成小豬的形狀，再裹上玫瑰糖。無論作為備用餐點、點心或甜點，由僧侶或少數「香料蛋糕商」手工製作，它都是勃艮第公爵菲利普三世（Philippe le Bon）珍愛的糕點，在第戎（Dijon）、漢斯（Reims）或迪南（Dinan）等大首都流行開來。今天，市面上大量生產的香料蛋糕，和當時的版本幾乎沒有差異，這款糕點驚人的生命力，不禁令我們肅然起敬。

Pain d'épices

香料蛋糕

準備時間
20分鐘（提前2天）
+30分鐘（前一天）

烹調時間
約2小時20分鐘

8人份

La marmelade d'oranges
柳橙醬
柳橙**750克**（未經加工處理）
檸檬**2顆**
礦泉水**150克**
粗砂糖**600克**
綠荳蔻粉（cardamome verte en poudre）**0.5克**
新鮮生薑**1.5克**

Le biscuit pain d'épices
香料蛋糕體
中筋麵粉（farine type 55）**35克**
馬鈴薯澱粉（fécule de pomme de terre）**25克**
裸麥粉（farine de seigle）**130克**
小蘇打粉（bicarbonate de soude）**12克**
香料蛋糕用香料（épices à pain d'épices）**15克**
奶油**75克**
紅糖（cassonade brune）**25克**
葡萄糖漿（sirop de glucose）**60克**（於藥房購買）

百花蜜（miel toutes fleurs）
190克
柳橙醬（marmelade d'oranges）
190克
給宏德鹽之花**2克**
全蛋**100克**

最後完成
杏桃果醬
肉桂棒
八角茴香（badiane）**1顆**
糖漬柳橙片

提前2天製作柳橙醬。用水淹過柳橙和檸檬並煮沸。煮30分鐘，接著裝在濾網中，在水龍頭下用水沖10分鐘降溫。將柳橙和檸檬切成圓形厚片。將兩端和籽丟棄。將所有果汁都倒入沙拉攪拌盆中。柑橘和檸檬片再切成小丁，放入置於沙拉攪拌盆中的濾器裡，瀝乾15分鐘。

—

將礦泉水和糖煮至115℃。加入柳橙和檸檬的果汁，再度煮沸至112℃，混入柳橙和檸檬丁、綠荳蔻粉和去皮並切碎的生薑，煮沸。煮25分鐘至達103℃，取190克的柳橙醬備用，剩餘的煮沸後分裝至果醬罐中，之後依喜好享用。

—

前一天，製作香料蛋糕體。混合麵粉、馬鈴薯澱粉、裸麥粉、小蘇打粉和香料蛋糕用香料並過篩。

—

將奶油、紅糖、葡萄糖、蜂蜜、柳橙醬和鹽之花放入食物料理機的碗中，以高速攪打5分鐘，加入蛋並打10分鐘，再加入過篩的麵粉等材料，攪打至麵糊均勻。

—

旋風式烤箱預熱至160℃。為28×11公分的長方形蛋糕模刷上奶油並撒上麵粉。

—

將麵糊倒入模型並放進烤箱，烤40分鐘。將烤盤轉向後再烤40分鐘。將薄刀身插入以確認熟度：刀子抽出時必須保持乾燥，脫模後置於網架上放涼。

—

將杏桃果醬加熱後過濾放至微溫，並刷在香料蛋糕表面。用小根的肉桂棒、八角茴香和糖漬柳橙片進行裝飾。

Agapé

無私的愛

準備時間
50分鐘（前一天）
+40分鐘（當天）

烹調時間
約1小時

冷凍時間
5小時

烤箱烘乾時間
8小時

10至12人份

Le biscuit pain d'épices
香料蛋糕體
中筋麵粉（farine type 55）**20克**
馬鈴薯澱粉（fécule de pomme
de terre）**12克**
裸麥粉（farine de seigle）**65克**
小蘇打粉（bicarbonate de
soude）**7克**
香料蛋糕用香料（épices à pain
d'épices）**7克**
奶油 **40克**
紅糖 **10克**
葡萄糖漿 **30克**（於藥房購買）
百花蜜 **95克**
柳橙醬 **95克**（見64頁食譜）
給宏德鹽之花 **1克**
全蛋 **1顆**

Les larmes de meringue
蛋白霜眼淚
蛋白 **60克**
砂糖 **60克**
糖粉 **60克**
+烘焙用
烘焙用粗砂糖

Le miroir café
咖啡鏡面
伊芙兒覆蓋白巧克力
（couverture Ivoire Valrhona）
170克
液狀鮮奶油 **75克**
咖啡精（extrait de café）**2克**
黃色食用色素
塔用果膠粉（nappage pour
tarte）（袋裝）**135克**

**Les fruits d'hiver à la
marmelade d'oranges**
冬季水果與柳橙醬
去皮杏仁 **20克**
去皮開心果 **20克**
糖漬阿瑪蕾娜櫻桃（cerises
amarena au sirop）**45克**
軟杏桃乾 **45克**
糖漬薑 **10克**
黑棗乾（pruneau séché）**45克**
軟無花果乾（figue moelleuse）
20克
糖漬橙皮 **15克**
檸檬 **1顆**
柳橙醬 **45克**（見64頁食譜）

La crème citron
檸檬奶油醬
檸檬皮末 **1顆**（未經加工處理）
砂糖 **125克**
全蛋 **115克**
檸檬汁 **90克**
奶油 **100克**

La crème mousseline citron
檸檬慕斯林奶油醬
奶油 **120克**
檸檬奶油醬（crème citron）
400克

*《 以『普世的愛』為名，我將柔軟的香料
蛋糕和誘人的綜合果乾結合在一起，
並以柳橙和薑調味。明亮而滑順的鬆軟
檸檬奶油醬，帶來了一絲令人愉悅的
清爽風味。》*

前一天，製作香料蛋糕體。混合麵粉、馬鈴薯澱粉、裸麥
粉、小蘇打粉和香料蛋糕用香料並過篩。將奶油、紅糖、葡
萄糖、蜂蜜、柳橙醬和鹽之花放入食物料理機的碗中。以高
速攪打5分鐘，加入蛋，再攪打10分鐘，再加入過篩的粉
類材料，攪拌至麵糊均勻。

—

旋風式烤箱預熱至150℃。為直徑16公分的圓形烤模
（moule à manqué）刷上奶油。

—

將麵糊倒入模型中，放入烤箱，烤40至45分鐘。將薄刀插
入蛋糕中央確認熟度：刀子抽出時必須保持乾燥，在網架上
脫模並放涼。

—

製作蛋白霜眼淚。將蛋白打發至體積膨脹二倍，混入三分之
一的砂糖，攪打至蛋白霜變得光亮平滑，混入剩餘的糖攪
打，加入糖粉以橡皮刮刀拌勻。

—

將蛋白霜倒入裝有聖諾黑擠花嘴（douille saint-honoré）的
擠花袋中。在鋪有烘焙專用烤盤紙的烤盤上，擠出眼淚狀
的蛋白霜。篩撒上的糖粉，等5分鐘後再撒上粗粒砂糖。在
60℃的烤箱中烘乾一整晚。

...

66 製作咖啡鏡面。用鋸齒刀將覆蓋白巧克力切碎，接著放入大碗中，隔水加熱至融化。將鮮奶油連同咖啡精、食用色素和果膠粉一起煮沸，一邊分三次倒入巧克力中央，一邊以同心圓方式將全部材料拌勻，以手持式電動攪拌棒攪打到均質狀。冷藏保存至隔天。

—

當天，製作冬季水果與柳橙醬。旋風式烤箱預熱至150℃。

—

用烤箱烘焙杏仁和開心果20分鐘，接著用擀麵棍壓碎。

—

將櫻桃瀝乾。將檸檬以外的所有水果及薑切成邊長5公釐的丁。將檸檬去皮，去掉果瓣之間的白膜，並將果瓣從長邊切成3塊。用微溫的柳橙醬混合所有材料，全部倒入擺在小烤盤上，直徑10公分的慕斯圈中。冷凍2小時。

—

製作檸檬奶油醬。用microplane刨刀將檸檬皮刨碎，倒入糖，用雙手搓揉檸檬皮和糖，直到混料變得濕潤且呈現顆粒狀。加入蛋，攪拌所有材料，倒入檸檬汁拌勻。一邊隔水加熱一邊攪拌，直到醬汁達83℃。過濾放涼至60℃，將奶油分成小塊並混入。用手持式電動攪拌棒攪打奶油醬10分鐘，讓脂質分子爆裂奶油醬呈均質狀。

—

製作檸檬慕斯林奶油醬。在裝有球裝攪拌器的電動攪拌機碗中攪打奶油8分鐘，分4次混入檸檬奶油醬，再將檸檬慕斯林奶油醬倒入裝有10號平口擠花嘴的擠花袋中。

—

用鋸齒刀將香料蛋糕橫切成3塊圓餅。再分別將其中一塊裁成直徑8公分的圓餅，一塊直徑10公分，最後一塊直徑14公分。

—

為直徑16公分的玻璃沙拉攪拌盆鋪上保鮮膜，並讓保鮮膜超出邊緣。用裝有檸檬慕斯林奶油醬的擠花袋在沙拉攪拌盆底部擠出100克的奶油醬，用橡皮刮刀將奶油醬均勻地抹開。放上直徑8公分的香料蛋糕圓餅。再鋪上一層奶油醬，接著再擺上冷凍的冬季水果與柳橙醬的圓餅，再鋪上一層奶油醬。擺上直徑10公分的香料蛋糕圓餅，再抹上剩餘的奶油醬，最後再放上第三塊香料蛋糕圓餅。冷凍3小時。

—

將沙拉攪拌盆過一下熱水，將保鮮膜拉起，為蛋糕脫模。蛋糕放在網架上，下墊湯盤。

—

將咖啡鏡面加熱至35℃，以湯勺為蛋糕淋上鏡面，刮去蛋糕表面多餘的鏡面。以冷藏解凍，在蛋糕周圍和諧地擺上蛋白霜眼淚，立即品嚐。

LE SABLÉ

沙布列酥餅

—

世上最美味的甜點，總是不斷推陳出新，沙布列酥餅就是其中之一。它屬於奶油酥餅（shortbread）的一種，可能是從蘇格蘭傳到法國的，也可能是蘇格蘭人向法國人模仿而來。沙布列酥餅是由南希（Nançay）一名烘焙師意外創作出的餅乾，南希是位於索洛涅（Sologne）的一個小城市，這個地區早因達汀（Tatin）姐妹美麗的錯誤而聞名。1953年的某天早晨，傑克‧弗勒里耶（Jacques Fleurier）的妻子發現她精疲力盡的烘焙師丈夫，站在好幾盤明顯失敗的小蛋糕前。「沒關係，我們等一兩天後再當成餅乾送給顧客吃。」弗勒里耶太太的創意，卻意外地造就了滿意無比的顧客；為了迎合需求，他們甚至必須故意再將下一批蛋糕 "做壞"，南希沙布列酥餅就此誕生。

面對著滿懷熱情的信徒，這款美味的小餅乾不是第一次超越了人們的期望。在初期的蘇格蘭（Écosse），沒有人想到，本來只是為了規避麵包稅而製作的petticoat tail（即奶油沙布列酥餅shortbread的前身），竟成為蘇格蘭的瑪麗女王（Marie Stuart）、以及後來她的表妹伊麗莎白一世（Élisabeth Iᵉʳ）的最愛。這兩個女王，對這種外型模仿她們衣櫃裡的襯衣、並以葛縷籽（graines de carvi）調味的小沙布列酥餅，徹底瘋狂。

這些沙布列酥餅甚至成了重大場合專屬的奢侈品，包括聖誕節、元旦和婚禮。人們會在新娘跨過新房門檻之前，在新娘上方將沙布列酥餅弄碎、撒下。在法國的布列塔尼（Bretagne），十二世紀起便有沙布列酥餅的存在，太陽王路易十四就位後，更受到宮廷人士的喜愛，成為上流社會時髦的點心。法國偉大的日記作家，塞維尼夫人（Madame de Sévigné），聲稱沙布列侯爵夫人（marquise de Sablé）將這些圓形小糕點送給大親王後，使其宮廷眾人為之瘋狂，這款餅乾因此得名。

沙布列酥餅的發展從此一帆風順。十九世紀時，沙布列酥餅是巴黎上流社會最愛的餅乾，不惜從低諾曼第（Lower Normandy）的烏爾加特（Houlgate）小鎮遠程採買。接著，首都裡的烘焙師和糕點師也開始自己製作；當大量工業製造的糕點商逐漸興起，沙布列酥餅成了他們的主力商品，並決定了該公司的聲譽成功與否。時至今日，這些貌不驚人的小沙布列酥餅，仍在法國人心中佔有一席之地。質地乾爽而滑順；易碎又結實。如何將這些矛盾的美味成功地結合在一起，便是高級糕點店的祕密。

Sablé diamant vanilla

香草沙布列酥餅

準備時間
10分鐘

烹調時間
每盤約15分鐘

冷藏時間
1小時

約50塊沙布列酥餅

室溫奶油**225克**
砂糖**100克**
無酒精香草精（vanille liquide sans alcool）**¼小匙**
香草粉**1克**
給宏德鹽之花**2克**
麵粉**320克**
粗砂糖（sucre cristallisé）

在裝有塑膠製麵團攪拌扇的食物料理機攪拌槽中，將分成小塊的奶油攪打成乳霜狀，接著混入砂糖、香草精和香草粉、鹽之花，並再度攪打。再混入過篩的麵粉，攪打至形成均勻的麵團。

—

將麵團揉成團狀，並分成3小塊。將每塊麵團揉成半徑3公分的長條狀，在搓揉的過程中請小心別讓條狀麵團形成孔洞或氣泡。冷藏保存1小時。

—

將粗砂糖均勻地鋪在一張烤盤紙上，為每條麵團外層均勻滾上粗砂糖。

—

旋風式烤箱預熱至170℃。

—

切成厚1.5公分的片狀，預留間隔地擺在鋪有烘焙專用烤盤紙的烤盤上。

—

陸續將烤盤放入烤箱，烤約15分鐘。將沙布列酥餅完全放涼後，保存在密封罐中。

Sablé aux olives noires

黑橄欖沙布列酥餅

準備時間
25分鐘

烹調時間
每盤約18分鐘

冷藏時間
4小時

約60塊沙布列酥餅

全蛋**1**顆
塔迦斯卡帶核黑橄欖（olives noires Taggiasche avec noyaux）**140**克
回軟的半鹽奶油（beurre demi-sel mou）**400**克
橄欖油**150**克
糖粉**220**克
給宏德鹽之花**3**克
麵粉**500**克
馬鈴薯澱粉（fécule de pomme de terre）**100**克

《塔迦斯卡橄欖，具有巧克力般的後韻，我一直想用來做成餅乾。只有這個品種才適用此食譜，因爲其他的種類過於乾澀。使用的橄欖油亦不能帶有強烈的果香味或苦味。》

在沸水中煮蛋10分鐘，放入冷水中冰鎮。剝殼，切成兩半後取出蛋黃。

—

將橄欖去核。再晾乾，以去除表層的油，約略切碎。

—

在裝有塑膠製麵團攪拌扇的食物料理機碗中依序放入奶油、油、糖粉、鹽之花、熟蛋黃、麵粉、馬鈴薯澱粉，接著是切碎的橄欖。快速攪拌，接著收攏麵團，包好冷藏2小時。

—

旋風式烤箱預熱至165℃。

—

將麵團分為2份。在撒有麵粉的工作檯上將每份麵團擀成6公釐的厚度。冷藏保存2小時。

—

用直徑5.5公分的切割器將麵團裁成圓餅狀，然後陸續擺在鋪有烘焙專用烤盤紙的烤盤上。

—

將烤盤放入烤箱烤18分鐘。將沙布列酥餅置於網架上放涼，然後保存在密封容器中。

LA TARTE AU CITRON

檸檬塔

—

塔點的歷史可追溯至古埃及時代，但檸檬塔的由來仍是個謎。食物歷史學家似乎對它不感興趣、隻字未提。如此的低調，不禁令人揣測它或許是近代的產物。然而，人類利用檸檬入菜已有三千多年，據說這種柑橘類水果，先從印度傳到中國，再遍及中東；之後便成為希伯來人和希臘人生活的一部分，將檸檬汁用於宗教儀式裡。藉由阿拉伯人的入侵，檸檬也征服了全歐洲。

在地理大發現時期，檸檬見證了它光榮的時刻，多虧了它，航海員才能戰勝可怕的壞血病。十七世紀初，英國的海軍報告指出，持續食用檸檬或柳橙汁，才是抵抗這項疾病的良藥。一個世紀後，英國皇家海軍的醫師詹姆斯・林德（James Lindt），進行了一項科學實驗，讓全體船員每日獲得配給的柑橘果汁，因此驗證了這個療法的有效性。萊姆（limes）是英國殖民地上最易取得的柑橘類水果，因此定期食用的英國船員，得到了 limey 的綽號。

在這種情況下，船上的廚師利用現成的材料，為船員製作甜點時，加入了大量的檸檬或萊姆汁，似乎再自然不過了。最早的版本，可能是某種做法極簡單的起司蛋糕，以壓碎的餅乾當底層，內餡則由蛋、糖和檸檬汁所組成。另一種類似的版本，可能就是墨西哥萊姆派（key lime pie）的前身，這種著名的派點是由佛羅里達小萊姆製成的，在 2006 年正式被認定為「州派 state pie」。傳說，最初的製作者是一名住在佛羅里達群島的廚師—莎莉阿姨（Aunt Sally），靈感來自當地的一名漁夫。底層以壓碎的餅乾製成，萊姆內餡上再加義式蛋白霜。

我們法國的檸檬蛋白霜塔，是用甜酥麵團為底層，是否就是這項美國特產的法國詮釋版本？這個論點沒有書面上的證據。法國有一個以檸檬聞名的城市蒙頓（Menton），可能就在那裡出現了一種類似的塔。在土魯斯（Toulouse）有一種傳統的甜點塔叫費內特拉（fenetra），用杏桃果醬混合稍微切碎的糖漬檸檬作為內餡，表面以甜味的打發蛋白霜混合高比例的杏仁粉做裝飾。

Tarte au citron

檸檬塔

準備時間
25分鐘

烹調時間
約40分鐘

冷藏時間
1小時

6至8人份

Le fond de tarte 塔底
甜酥麵團（pâte sucrée）**350克**
（見75頁食譜）

La crème citron 檸檬奶油醬
砂糖 **220克**
檸檬皮末 **3顆**（未經加工處理）
全蛋 **200克**

現榨檸檬汁 **160克**
室溫奶油 **300克**

**La meringue italienne
義式蛋白霜**
礦泉水 **40克**
砂糖 **120克**
蛋白 **60克**
糖粉

製作塔底。在撒有麵粉的工作檯上將甜酥麵團擀成直徑32公分的圓形餅皮。為直徑26公分的慕斯圈刷上奶油。放入塔皮後切掉多餘部分，冷藏1小時。

—

旋風式烤箱預熱至170℃。

—

為塔皮鋪上邊緣剪成條狀的烘焙專用烤盤紙。裝滿豆子，入烤箱烤20分鐘。

—

移去烤盤紙和豆子，讓塔底再烤約10分鐘。在網架上放涼，接著移去慕斯圈。

—

製作檸檬奶油醬。將糖放入沙拉攪拌盆中，在上方用microplane刨刀將檸檬皮刨碎，用雙手搓揉檸檬皮和糖，直到混料變得濕潤且呈現顆粒狀，加入蛋、檸檬汁，拌勻。

—

將混合好的材料隔水加熱至83℃，一邊用打蛋器攪拌。過濾醬汁，在裝有冰水的隔水加熱鍋（bain-marie）中降溫至60℃，加入分成小塊的奶油。用手持式電動攪拌棒，以高速攪打檸檬奶油醬約10分鐘，讓脂質分子爆裂奶油醬呈均質狀。

—

製作義式蛋白霜。將礦泉水和砂糖煮沸，煮至121℃，在糖漿達115℃時，開始將蛋白打成舀起尖端呈「鳥嘴」狀的泡沫狀蛋白霜，即不要太硬。將煮至121℃的糖緩緩倒入，不停的以中速攪打至蛋白霜冷卻。

—

將蛋白霜倒入裝有8號星形擠花嘴的擠花袋中。

—

烤箱連同烤架（gril du four）預熱。

—

將冷卻的檸檬奶油醬倒入烤好的塔底，將表面抹平。用義式蛋白霜在整個塔的表面擠出玫瑰花飾。篩上糖粉，等5分鐘後再篩撒上一次糖粉。

—

將塔放入烤箱偏上層的網架位置，一邊留意蛋白霜的上色狀態將蛋白霜烤至金黃色。

Tarte aux fraises et aux loukoums

土耳其軟糖草莓塔

準備時間
15分鐘（前一天）
+25分鐘（當天）

烹調時間
約55分鐘

冷藏時間
1小時

6至8人份

Le jus de basilic 羅勒汁
羅勒葉 **15克**
礦泉水 **60克**
砂糖 **10克**

La crème au citron vert et basilica 青檸羅勒醬
吉利丁片 **3克**
砂糖 **160克**
青檸皮 **2顆**（未經加工處理）
全蛋 **150克**
青檸汁末 **105克**
（青檸檬 4 顆）
羅勒汁（jus de basilic）**40克**

La pâte sucrée 甜酥麵團
室溫奶油 **150克**
糖粉 **95克**
杏仁粉 **30克**
給宏德鹽之花 **2撮**
香草莢 **¼根**
全蛋 **50克**
麵粉 **250克**

La glace royale 皇家糖霜
蛋白 **40克**
糖粉 **180克**
檸檬汁 **4克**
草莓紅食用色素

La garniture 配料
同樣大小的草莓（gariguette 或 mara des bois 品種）**750克**
玫瑰土耳其軟糖（loukoums à la rose）**12顆**

《這道塔點可品嚐出有力的風味結構。風味和口感融合得極爲完美，互相呼應：土耳其軟糖的玫瑰花水伴隨著微酸的草莓；酥脆的塔皮和皇家糖霜的香甜，舒緩了青檸羅勒內餡的強烈酸味。》

前一天，製作羅勒汁。將羅勒葉浸入沸水中汆燙，撈起瀝乾立刻浸入一盆冰塊中。將礦泉水和糖煮至60℃，加入再次瀝乾的羅勒，用果汁機打碎。

—

製作青檸羅勒醬。讓吉利丁在冷水中浸泡20分鐘至軟化。將糖、以microplane刨刀刨碎的青檸皮、蛋、青檸汁和羅勒汁以隔水加熱的方式煮至90℃。將青檸羅勒醬過濾後混入瀝乾的吉利丁，以手持式電動攪拌棒攪打均勻。冷藏保存至隔天。

—

當天，製作甜酥麵團。在裝有塑膠製麵團攪拌扇的食物料理機碗中，將分成小塊的奶油打至軟化乳霜狀。依序加入過篩的糖粉、杏仁粉、鹽之花、剖開取籽的香草莢、蛋，接著是過篩的麵粉，攪拌至形成團狀。

—

將麵團分成二塊，一塊350克，另一塊200克。冷藏靜置4小時。將第二塊麵團冷凍作爲他用。

—

在撒有麵粉的工作檯上將麵團擀成直徑32公分的圓形塔皮，爲直徑26公分的慕斯圈刷上奶油並放入塔皮切去多餘的部份。將塔皮冷藏1小時。

...

76 將旋風式烤箱（four chaleur tournante）預熱至170℃。

—

為塔皮鋪上邊緣剪成條狀的烘焙專用烤盤紙，裝滿豆子，入烤箱烤20分鐘。移去烤盤紙和豆子，讓塔底再烤約10分鐘。在網架上放涼，接著移去慕斯圈。

—

製作皇家糖霜。先製作模板。從一張厚2公釐的紙板中裁下直徑26公分的圓形紙板，在中央畫出22公分的圓，然後挖空。

—

旋風式烤箱預熱至90℃。

—

攪打蛋白、糖粉和檸檬汁5分鐘，加入幾滴草莓紅食用色素，將模板擺在烤盤墊上，在中央鋪上皇家糖霜，將糖霜刮成薄薄一層，接著將模板移開，入烤箱烤15分鐘。

—

製作配料。將草莓去蒂。將土耳其軟糖切半。將青檸羅勒醬倒入烤好的塔底，用草莓在青檸羅勒醬表面呈菱形排列，並在草莓與草莓間放上土耳其軟糖。擺上皇家糖霜圓餅，並以幾顆土耳其軟糖進行裝飾。

—

有些甜點具有強烈的地域性；它們和那個地區、鄉鎮、城市或國家，密不可分。

它們維持著強烈的地方特色，散發著發源地獨有的風味。

光是談論這些美食，就令人對當地心生嚮往；品嚐的同時，心中彷彿浮現當地風光。

然而奇怪的是，我們會發現，這些特色美食並非自古以來，

就和這些人們熟知的地方聯繫在一起。

—

DES HISTOIRES DE TERROIRS

風土的糕點

LA BUGNE

貓耳朵

中世紀時，沒有人會拒絕一小片的「多拿滋beigne」，這是一種體型飽滿的油炸餡餅(fritters)，在齋戒期(Lent)之前的狂歡節(Mardi gras)時，特別受到大眾歡迎。beigne或bugne是很生動的字眼，衍生自古法文的「bigne」，意思是腫脹，用來描述這種薄餅麵團經過油炸後所產生的變化。這道傳統點心發展出各式各樣的形狀，也因此產生各地區獨特的名稱：小耳朵(Oreillette)、奇蹟(merveille)、愛之結(noeuds d'amour)、伯尼翁(beugnon)、比涅特(bignette)、科奇鈕(croquignole)、倒栽蔥(cul renversé)、幻想(fantaisies)、輕挑(frivole)、葛洛特(golotte)、巴尼斯(panisse)或修女的嘆息(pets de nonne又稱：舒芙蕾多拿滋beignets soufflés)。羅馬人在慶祝春天來臨的慶典上會食用油炸餡餅，以上這些餡餅或多拿滋(beigne)，都是從此演化而來。

這道油炸小點是如何流傳到法國的？大仲馬(Alexandre Dumas)轉述若因維萊(Joinville)(聖路易Saint Louis傳記作家)的著作：「正是十字軍東征讓我們認識了多拿滋；若因維萊教導我們，當他們釋放聖路易時，撒拉森人(the Saracens)贈送油炸餡餅(fritters)作為禮物。」

中世紀的人品嚐各式各樣的多拿滋，鹹甜都有，通常帶有夾心。內餡包括起司、朝鮮薊心(fonds d'artichauts)、蘋果、無花果、杏仁、鼠尾草(sauge)，甚至是牛骨髓(moelle de bœuf)—戴爾旺Taillevent在《肉類食譜Le Viandier》中提及的名菜。為了將剩餘的油用完，傳統上，多拿滋會在齋戒期(期間不可食用油品)之前油炸食用。甜味多拿滋，必然是帶有節慶氣氛、充滿想像力的，人們會在禁慾齋戒前以無比的熱情來享用。外觀千奇百怪：中間也許有個洞、情人結(lover's knot)形狀、辮子狀、菱形或矩形、或是馬刺狀；麵體扁平或膨脹、邊緣平滑或呈鋸齒狀。

隆河–阿爾卑斯(Rhône-Alpes)地區的特產—貓耳朵(bugne)分為兩種：一種柔軟而飽滿，以酵母膨脹的麵團製作；另一種則較薄而酥脆，以質地濃稠、不添加膨脹成分的薄餅麵團來製作。這兩種傳統，分別來自該地區的兩座城市：聖艾蒂安(stéphanoise)和里昂(Lyons)。《法國美食大百科Le Grand Larousse gastronomique》記載一道古老的貓耳朵食譜：以麵粉、水、酵母和橙花水製成；然後「當神聖星期三(mercredi saint)之前允許食用油脂的日子來臨，再加入牛奶、奶油和蛋加以滋潤」。然而，若不提到放涼後，在多拿滋或油炸餡餅上撒的大量糖粉，這個食譜就不算完整。貓耳朵似乎總能使人在尋求終極美味的路上，一口接一口，這漫長的追尋唯有隨著嘉年華會的結束而停止。

Bugne

貓耳朵

準備時間
10分鐘（前一天）
+30分鐘（當天）

烹調時間
每爐約4分鐘

發酵時間
2小時

冷藏時間
2小時

約40個貓耳朵

奶油 **125克**
砂糖 **50克**
檸檬皮末 **½顆**（未經加工處理）
給宏德鹽之花 **6克**
陳年棕色蘭姆酒 **20克**

新鮮酵母 **6克**
全蛋 **250克**
麵粉 **500克**
油炸用油
糖粉

前一天，依序在桌上型電動攪拌機的碗中放入奶油、砂糖、用microplane刨刀刨碎的檸檬皮、鹽之花、蘭姆酒、弄碎的酵母、蛋，最後是麵粉。

—

以勾狀攪拌器攪拌至麵團脫離碗壁。放入沙拉攪拌盆中，蓋上布巾。讓麵團在24℃的環境裡靜置約2小時，讓體積膨脹為二倍。

—

將麵團壓平排氣，然後冷藏保存2小時。再次將麵團壓平排氣，冷藏保存至隔天。

—

當天，將麵團擀得很薄。用烘焙用輪刀（roulette à pâtisserie）裁成10×8公分的長方形。

—

將油鍋熱至170℃。將貓耳朵陸續放入油鍋中，並在中途翻面炸熟至浮起。瀝乾後擺在吸水紙上。待涼撒上過篩的糖粉，在微溫時品嚐。

LA CRÈME BRÛLÉE

烤布蕾

烤布蕾本來只是簡單的焦糖卡士達—經過香草調味的雞蛋與牛奶的混合物。它酥脆的焦糖化表面，將這道甜點提升至高級美食的領域。和其他甜點一樣，它從古老的食譜進化而來，受到某個天才加以改良。十六世紀的西班牙已有名為「加泰隆尼亞布丁 crème Catalan」的甜點。《法國美食大百科 Le Grand Larousse gastronomique》說，這道布丁用於紀念聖約翰（Saint-Jean）的盛宴中，搭配 merindos（一種類似杏仁糖的薄片餅乾）食用，並由修道院製作。我們亦在英國發現名為 burnt cream（燒焦奶油醬）的足跡，以奶油醬（crème）或卡士達（custard）為原料，以最簡單的方式烘焙而成。

後來，出現了一名出色的廚師方索瓦·馬希亞羅（Francois Massialot），他頭腦敏銳、富好奇心，以私人廚師身分，伴隨偉大的法國公爵沃邦（Vauban）和其他貴族，包括奧爾良公爵（Duke of Orléans）的皇太子四處旅行，並記錄了各種外國食譜。某日，為主人準備加泰隆尼亞布丁時，突然有個聰明的點子，在表面撒上糖，再蓋上熱鐵片。也許是因為皇太子曾經抱怨過甜點太冷？在那個時代，當食物在廚房準備好再送到餐桌上，往往要經過一大段時間。馬希亞羅的創作，具有對比的口感（滑嫩和酥脆）與溫度（熱和冷），使這道加泰隆尼亞布丁（日後得名為「烤布蕾」）大為轟動。它第一次的書面紀載，便是以這個新名稱，紀錄在 1691 年的《最新皇室與貴族料理 Le Nouveau Cuisiner royal and bourgeois》，並附有使其更美味的小訣竅。

在十八、十九世紀，烤布蕾的熱潮似乎已經消退，當時流行華麗的上菜方式，糕點師競相端出充滿奇思幻想而奢侈的糕點，烤布蕾又回到了它的發源國。多了表面的糖，但仍保留「加泰隆尼亞布丁」的名稱，直到紐約重新將它帶回世界舞台。馬戲團餐廳（Cirque）的老闆希里歐·馬奇歐尼（Sirio Maccioni）在西班牙旅行時，嚐到了這道著名的布丁，立刻將它收入餐廳菜單，成為特殊招牌甜點；接著，又被保羅·博庫斯（Paul Bocuse）納入他原已十分驚人的甜點菜單中，以「希里歐·馬奇歐尼烤布蕾」的名稱在餐廳供應，使其更加聲名大噪。

不論使用烙鐵（Fer plat）或噴槍，這表面薄薄的琥珀色焦糖，正是使人無法抗拒的地方。烤箱或炙烤架絕對無法做出同樣的效果，因為內部的卡士達會同時被加熱，把這道在美國重生的法國—加泰隆尼亞傑作烤焦，而非只是轉成棕色。

Crème catalane

加泰羅尼亞烤布蕾

準備時間
10分鐘

烹調時間
約10分鐘

6人份

全脂鮮乳 **1公升**
錫蘭肉桂棒（bâton de cannelle de Ceylan）**1根**
檸檬皮 **½ 顆**（未經加工處理）
蛋黃 **120克**
砂糖 **200克**
玉米澱粉 **50克**
二砂糖

將800毫升的牛奶、肉桂和用microplane刨刀刨碎的檸檬皮一起以平底深鍋煮沸。

—

混合蛋黃、糖、玉米澱粉和剩餘的200毫升牛奶。過濾煮沸的牛奶，然後倒入上述材料中，一邊快速攪拌。

—

再倒回平底深鍋中。以小火攪拌至蛋奶醬變得濃稠。立刻分裝至6個布蕾烤盅內。放涼。

—

最後一刻，在布蕾表面撒上二砂糖，用噴槍烤成焦糖。即刻品嚐。

Crème brûlée au foie gras, compote acidulée de mangues et de framboises

肥肝烤布蕾佐糖煮酸味芒果覆盆子

準備時間
20分鐘

烹調時間
約1小時

8至10人份

La crème brûlée au foie gras
肥肝烤布蕾
半熟肥肝 (foie gras de canard mi-cuit) **170克**
液狀鮮奶油 **280克**
蛋黃 **6個**
砂糖 **60克**
全脂鮮乳 **280克**

La compote acidulée de mangues et de framboises
糖煮酸味芒果覆盆子
砂糖 **100克**
奶油 **20克**
白醋 **25克**
芒果 (剝皮後去核切丁) **750克**
覆盆子 **2盒** (500克)

《 *這當然是一道甜點！*
肥肝有天然的甘甜味，
所以常用來搭配甜酒和酸甜醬 (chutney)。
在這裡，生芒果和焦糖芒果混合的甜味，
與覆盆子細緻的酸味取得完美的和諧。》

旋風式烤箱預熱至90℃。

—

製作烤布蕾。用手持式電動攪拌棒攪打肥肝和鮮奶油，直到均勻。加入蛋黃、糖和牛奶。攪打均勻後分裝至8-10個馬丁尼杯 (verres à Martini) 中。

—

入烤箱烤1小時。輕輕搖動玻璃杯確認熟度：布丁必須凝固，否則再烤約10分鐘。

—

出爐後放涼，接著將玻璃杯冷藏。

—

製作糖煮酸味水果醬。將糖煮成焦糖。當糖一形成漂亮的琥珀色，就離火並混入奶油，接著倒入醋，再將平底深鍋開火，倒入三分之一的芒果丁。以中火煮3分鐘。放涼後混入剩餘的芒果丁和覆盆子。

—

在每杯肥肝烤布蕾上放1大匙的糖煮酸味水果，即刻品嚐。

LA FORÊT-NOIRE

黑森林

「黑森林」是能喚醒畫面的名稱，使人立即聯想到一塊濃郁、富德國民間傳說色彩的蛋糕，充滿大量的鮮奶油，撒上巧克力刨花，並在周圍擺上一圈糖漬櫻桃裝飾。事實上，它的確是最典型的蛋糕，富節慶氣氛，有時還被認為過於俗氣。這款已經成為德國象徵之一的甜點，的確是在十九世紀晚期或二十世紀初期的德國所發明，但是否誕生於黑森林則無從證實。來自拉多夫朵爾（Radolfzell）的喬瑟夫·凱勒（Josef Keller），是波昂（Bonn）的糕點師，他在 1915 年聲稱自己是這道甜點的發明人。另一個較可靠的線索，則導向艾文·海德布蘭德（Erwin Hildebrand）─蒂賓根（Tübingen）的糕點師─在 1930 年光榮地被認定為這道甜點傑作的創作人。四年後，這道食譜發表在一本專業食譜書中。從此以後，黑森林蛋糕在德國、瑞士和奧地利等國的高級甜點屋，都可找到蹤跡。

1950 年代以後，全世界都開始跟進，以自己的方式詮釋這道充滿驚喜、由三層浸過櫻桃酒並塗滿鮮奶油的巧克力海綿蛋糕，所組成的糕點。2003 年，德國為了抵制其他蹩腳的複製品，正式發表了 Schwarzwalder Kirschtorte（黑森林蛋糕）的定義：「櫻桃酒漬黑森林蛋糕，含有打發鮮奶油、法式奶油霜（crème beurre），或以上兩者皆有。」接著便列出詳盡的材料清單，以及每種材料可接受的比例。最後並指出：「蛋糕應鋪上法式奶油霜（crème beurre」或鮮奶油香醍（crème Chantilly），再以巧克力刨花裝飾。」

但我們仍難以解釋其名稱的由來與誘人的吸引力。若改名為巴登—符登堡邦（Bade-Wurtemberg），這款蛋糕仍會一樣受到歡迎嗎？評論家想出了各種巧妙的解釋：也許樹立在蛋糕頂端的巧克力刨花，就如同黑森林的樹幹。黑森林地區也是重要成分─櫻桃酒─的主要產區，並以出產櫻桃聞名。還是因為蛋糕的黑、白、紅三色，反映了當地女性的傳統服飾？

在此，容我們發表另一種詮釋，以童話故事裡的神祕森林為起點。「黑森林」能勾起一種強烈的意象，黑暗而幽深、埋藏著夢想與慾望，充滿魔法、在最隱密的深處，棲息著我們對美食永不滿足的渴望。

Forêt-Noire

黑森林蛋糕

準備時間
5分鐘（前一天）
+45分鐘（當天）

烹調時間
約20分鐘

冷凍時間
2小時

6至8人份

Les griottes macérées
浸漬酸櫻桃
礦泉水 **90克**
砂糖 **120克**
去核冷凍酸櫻桃（griottes dénoyautées surgelées）**300克**

Le biscuit au chocolat
巧克力蛋糕體
奶油 **60克**
麵粉 **25克**
馬鈴薯澱粉 **25克**
可可粉 **30克**
蛋黃 **120克**
砂糖 **100克**
蛋白 **125克**

La crème pâtissière
卡士達奶油醬
全脂鮮乳 **125克**
香草莢 **½根**
砂糖 **30克**
卡士達粉（poudre à flan）**5克**
麵粉 **5克**
蛋黃 **30克**
室溫奶油 **10克**

Le sirop d'imbibage au kirsch
櫻桃酒糖漿
礦泉水 **30克**
砂糖 **35克**
純櫻桃酒（kirsch）**30克**

La crème légère à la vanille
香草卡士達鮮奶油
吉利丁片 **4克**
液狀鮮奶油 **240克**
卡士達奶油醬 **130克**

La chantilly au chocolat noir
黑巧克力鮮奶油香醍
可可脂含量66%的加勒比 Caraïbe黑巧克力（Valrhona）**80克**
液狀鮮奶油 **170克**

最後完成
液狀鮮奶油 **350克**
砂糖 **20克**
馬拉斯加酒漬酸櫻桃（cerises au marasquin）
黑巧克力磚（tablette de chocolat noir）**1塊**

＊ 可將卡士達奶油醬以微波加熱後混入吉利丁融化，也可以微波將吉利丁融化後再加入。

前一天，製作浸漬酸櫻桃。將礦泉水和糖煮沸，離火後加入酸櫻桃，浸漬至隔天。

—

當天，將烤箱預熱至220℃。製作巧克力蛋糕體。將奶油加熱至融化。將麵粉、馬鈴薯澱粉和可可粉一起過篩。在電動攪拌機的碗中放入蛋黃和四分之三的糖，攪打5分鐘。用剩餘的糖以另一個碗將蛋白打至硬性發泡的蛋白霜。將蛋黃混入打發蛋白霜中，接著混入麵粉和可可粉等。再混入冷卻的融化奶油拌均勻。將麵糊倒在鋪有矽膠墊的烤盤內，平整表面。入烤箱烤10分鐘。

—

製作卡士達奶油醬。將牛奶、半根縱向剖開取籽的香草莢和糖以平底深鍋一起煮沸。用打蛋器混合卡士達粉、麵粉和蛋黃。加入三分之一的熱牛奶，一邊攪拌，接著再將所有材料倒回平底深鍋中煮沸。倒入沙拉攪拌盆中，下墊裝有冰水的鍋中隔冰冷卻。移去香草莢，在卡士達奶油醬降溫至60℃時，混入分成小塊的奶油。緊貼著表面鋪上保鮮膜，冷藏保存至使用時。

—

將浸漬酸櫻桃瀝乾。製作糖漿。將礦泉水和糖煮沸，離火後加入櫻桃酒。

—

將蛋糕體切成3塊直徑20公分的圓餅。將第1塊圓餅擺在直徑20公分、高6公分的慕斯圈中。將慕斯圈擺在直徑21公分的紙板上。為蛋糕體刷上櫻桃酒糖漿。

—

製作香草卡士達鮮奶油。用冷水浸泡吉利丁20分鐘，讓吉利丁軟化。將液狀鮮奶油攪打成柔軟的打發鮮奶油。將瀝乾的吉利丁置於卡士達奶油醬中，讓吉利丁融化＊，接著在卡士達奶油醬中混入打發鮮奶油。將香草卡士達鮮奶油裝入擠花袋中。

—

在刷好糖漿的蛋糕體上鋪上薄薄一層香草卡士達鮮奶油。將瀝乾的酸櫻桃放在上面，再鋪上薄薄一層香草卡士達鮮奶油。擺上第二塊蛋糕體，同樣刷上櫻桃酒糖漿。

—

製作黑巧克力鮮奶油香醍。用鋸齒刀將巧克力切碎，隔水加熱至融化。離火後，在融化的巧克力中混入30克的液狀鮮奶油。將剩餘的鮮奶油打發成偏硬的打發鮮奶油，再混入巧克力鮮奶油中。

—

將黑巧克力鮮奶油香醍鋪在第二塊刷有糖漿的蛋糕體上，擺上第三塊蛋糕體，同樣刷上糖漿，冷凍保存2小時。

—

最後加工，將液狀鮮奶油和糖打發成鮮奶油香醍。用吹風機加熱慕斯圈邊緣，接著移去慕斯圈。在黑森林蛋糕的表面和周圍鋪上一層鮮奶油香醍。以烘焙用鋸齒刮板（peigne à pâtisserie）在蛋糕周圍刮出條紋。將剩餘的鮮奶油香醍倒入裝有8號星形擠花嘴的擠花袋內。在邊緣擠出玫瑰花飾。在每朵玫瑰花飾上擺1顆已將水分擦乾的酒漬酸櫻桃。

—

將巧克力磚稍微回復室溫。待5分鐘後，在一張紙上用水果削皮器刨出巧克力刨花。將刨花撒在黑森林蛋糕上。

Glace Forêt-Noire

黑森林冰淇淋蛋糕

準備時間
1小時（前一天）
+10分鐘（當天）

烹調時間
50分鐘

冷凍時間
20分鐘
＋一整晚

8人份

Le biscuit au chocolat
巧克力蛋糕體
可可脂含量60%的黑巧克力
250克
室溫奶油**250克**
砂糖**220克**
全蛋**200克**
麵粉**70克**

Les silhouettes d'arbres en chocolat noir 黑巧克力樹影
黑巧克力**150克**

Le sorbet griotte 酸櫻桃雪酪
覆盆子**40克**
礦泉水**35克**
砂糖**85克**
酸櫻桃泥**275克**

La glace à la crème
鮮奶油冰淇淋
全脂鮮乳**240克**
奶粉**20克**
砂糖**90克**
高脂鮮奶油（crème fraîche épaisse）**150克**

La chantilly au chocolat noir
黑巧克力香醍
可可脂含量66%的加勒比
Caraïbe黑巧克力（Valrhona）
30克
液狀鮮奶油**70克**

《 我想創造一道冰淇淋的版本，但仍保留著
黑森林蛋糕的精神。
我在科爾馬（Colmar）父母的糕點店長大，
這是我兒時回憶的象徵。》

前一天，將烤箱預熱至180℃。

—

製作巧克力蛋糕體。為直徑22公分的高邊烤模（moule à manqué）刷上奶油，接著撒上麵粉。再去掉多餘的麵粉。

—

用鋸齒刀將巧克力切碎，在平底深鍋中隔水加熱至融化。攪打奶油和糖，加入蛋，一次一顆每次都充分拌勻。再加入融化的巧克力，拌勻後混入過篩的麵粉，完成巧克力蛋糕體麵糊。

—

將麵糊倒入模型中，入烤箱烤40分鐘，同時用木匙卡住爐門，讓烤箱門保持微開。

—

出爐後，在網架上為蛋糕脫模。放涼。橫切下1公分厚的蛋糕體。擺入直徑20公分、高4公分的慕斯圈中。將剩下的蛋糕保存在保鮮盒中，以作為最後完成使用。

—

製作樹影。在平底深鍋中，將用鋸齒刀切碎的巧克力隔水加熱至融化，溫度不應超過60℃。將巧克力從隔水加熱鍋中取出，不時攪拌，直到巧克力的溫度降至27℃，再將巧克力放回隔水加熱鍋中加熱。輕輕攪拌巧克力，直到溫度回升至31℃。

...

104　將調溫巧克力鋪在透明塑膠片（feuille de Rhodoid）上。
當巧克力開始凝固時，用刀尖描出樹影。再蓋上烤盤紙，
並用重物壓平，以免巧克力變形。冷藏保存。

—

製作酸櫻桃雪酪。用食物料理機攪打覆盆子，過濾打好的
果泥以去籽。將礦泉水和糖煮沸，放涼。混入酸櫻桃泥和
覆盆子泥，以電動攪拌棒攪打。依雪酪機的使用說明，讓
上述食材凝固成雪酪。將雪酪倒入慕斯圈內的巧克力蛋糕
體上，加以冷凍。

—

製作鮮奶油冰淇淋。將牛奶、奶粉和糖加熱至40℃，加
入高脂鮮奶油，並用電動攪拌棒攪打。將混合物下墊一盆
冰塊放涼，依雪酪機的使用說明，製成冰淇淋。將鮮奶油
冰淇淋鋪在酸櫻桃雪酪上，再冷凍20分鐘。

—

將樹影直立在剛凝固的冰淇淋上，冷凍保存至隔天。

—

當天，製作黑巧克力香醍。用鋸齒刀將巧克力切碎，隔水
加熱至融化。離火後，將30克的鮮奶油與融化的巧克力
混合，將剩餘的鮮奶油攪打成偏硬的打發鮮奶油。混入巧
克力鮮奶油中，將巧克力鮮奶油香醍倒入裝有平口擠花嘴
的擠花袋內，立即使用。

—

最後一刻再用吹風機輔助，將慕斯圈移除脫模。在蛋糕表
面的樹影之間放上小塊的巧克力蛋糕體，並擠出巧克力香
醍小球。

LE GÂTEAU BATTU

手打蛋糕

法國有一句俗語說：比皮力歐許（brioche）更像皮力歐許的⋯就是另一個皮力歐許。這真是胡說八道啊。任何稱得上美食家的人，絕不會將水果皮力歐許（brioche aux fruits）、波蘭皮力歐許（brioche polonaise）、波涅麵包（pogne）、卡須麵包（gâche）、聖傑尼麵包（gâteau de Saint-Genix）、咕咕霍夫（kugelhopf）、橙皮葡萄乾麵包（cramique）、手打蛋糕（gâteau battu）等混為一談。《羅伯特字典Le Robert》為皮力歐許下的定義，廣泛得足以容納以上提到的各式麵包，也就是：「以麵粉、蛋、奶油和發酵種（levain）為材料製成的糕點」。或是在最新的版本裡：「以發酵麵團製成，通常為圓形的清爽糕點」。

從這個角度來說，手打蛋糕的確是一種皮力歐許。但材料的比例、混合的順序與技巧、模具的形狀等，都使它成為獨樹一格的特色糕點。手打蛋糕是皮卡第（Picardie）海岸，尤其是阿布維爾（Abbeville）的特產，這款蛋糕也和此地區有強烈的關係。為了捍衛這款蛋糕的特殊地位，當地學識淵博的宣傳大使，於1993年在阿布維爾組成了手打蛋糕皇家促進協會（Noble Confrérie du gâteau battu）。他們披著藍色和金色的斗篷，頭上戴著手打蛋糕形狀的高帽，充滿中東王族的氣勢，每年舉辦一次最佳手打蛋糕的競賽，並將夠資格的烘焙新秀引進這個協會。

這款皮力歐許的結實外皮呈深棕色，金黃色的內部組織輕盈柔軟，自1900年以來便被認定為索姆（Somme）地區的特產，但證據顯示它早在十七世紀便已存在。一本於1653年出版的佛蘭德（Flandre）烹飪書，便已在「雞蛋麵包pain aux œufs」或「軟蛋糕gâteau mollet」名稱之下列出詳盡的食譜。除了麵粉、水和酵母之外，還需要高比例的雞蛋和奶油，糖幾乎可確定是後來才添加的。至於傳統烘焙手打蛋糕使用的高邊花形模型，根本無法想像怎可省略。四邊平整的手打蛋糕，和以同樣方式烘焙的咕咕霍夫（kugelhopf）（見第114頁），都屬於離經叛道。

好奇的人，自然想知道「手打蛋糕Gâteau battu」一詞的由來，但他們恐怕要失望了，因為這個字眼只是表示在製作麵團時，要將所有材料用力混合在一起。沒有三劍客在往皮卡第的路上用寶劍來刺蛋糕，也沒有大仲馬帶來的傳說（他出生於維萊科特雷Villers-Cotterets，離阿布維爾很遠）。手打蛋糕是地方的特產，但背後並沒有特別有趣的故事；它的風味與外形，已足以卓越不凡。

Gâteau battu

手打蛋糕

準備時間
約35分鐘

烹調時間
30分鐘

發酵時間
約2小時30分鐘

2個手打蛋糕

液狀鮮奶油 **65克**
新鮮酵母 **30克**
麵粉 **270克**
給宏德鹽之花 **5克**

蛋黃 **200克**
蛋白 **35克**
細砂糖 **80克**
冰冷的奶油 **210克**

將鮮奶油加熱至30℃。將新鮮酵母弄碎並溶入鮮奶油中。

—

在裝有揉麵勾的電動攪拌機碗中倒入麵粉、鹽之花、摻有酵母的鮮奶油、蛋黃和蛋白。以速度1攪打3分鐘,接著以速度2攪打15分鐘。加入糖,再攪打5分鐘。混入分成小塊的奶油,攪打15分鐘,直到麵團脫離攪拌缸壁。麵團的揉合完成溫度應約為25℃。

—

為2個手打蛋糕模或高邊的花形模刷上奶油。將麵團分裝至模型中,蓋上布巾,讓麵團在28℃的環境裡膨脹約2小時30分鐘,直到麵團距離模型1公分左右。

—

旋風式烤箱預熱至150℃。

—

將模型放入烤箱,烤30分鐘。烘烤中途將烤盤轉向,再蓋上另一個烤盤,以減緩烘烤的速度。出爐後放涼5分鐘,非常謹慎地為蛋糕脫模,置於網架上,放涼後品嚐。

Brioche Satine

絲緞皮力歐許

準備時間
10分鐘（前一天）
+40分鐘（當天）

烹調時間
約20分鐘

冷藏時間
約3小時

發酵時間
約2小時

約20個皮力歐許

La crème aux fruits de la Passion 百香果奶油醬
吉利丁片**2克**
全蛋**125克**
砂糖**115克**
百香果泥**90克**
檸檬汁**12克**
奶油**125克**

La pâte briochée 皮力歐許麵團
麵粉**500克**
砂糖**70克**
全脂鮮乳**100克**
新鮮酵母**20克**
全蛋**250克**
奶油**175克**
給宏德鹽之花**15克**

La pâte sablée 甜酥麵團
奶油**80克**
給宏德鹽之花**2克**
糖粉**50克**
杏仁粉**10克**
全蛋**15克**
中筋麵粉 (farine type 55)
135克

La dorure 蛋黃漿
蛋黃**1個**
全蛋**2顆**
砂糖**3撮**
細鹽**1撮**

La crème mousseline fruits de la Passion et orange 百香柳橙慕斯林醬
回軟奶油**120克**
百香果奶油醬**400克**
糖漬柳橙丁**60克**

《 幾年前是我的朋友費德希克•加塞（Frédéric Cassel）—楓丹白露（Fontainebleau）的糕點師—帶我認識了手打蛋糕。以此為基礎，我創造出這款充滿驚喜的皮力歐許。當您咬下柔軟的糕點，首先發現的是酥脆的甜酥麵團，接著則是中央部位的滑順奶油，滿溢著微酸的果香。》

前一天，製作百香果奶油醬。用冷水浸泡吉利丁20分鐘，讓吉利丁軟化。蛋、糖、百香果泥和檸檬汁一起拌勻後，隔水加熱至85℃。再混入還原並擰乾的吉利丁片溶化，溫度達60℃時，加入分成小塊的奶油。用手持式電動攪拌棒攪打奶油醬10分鐘，讓脂質分子爆裂呈均質狀。冷藏保存至隔天。

—

當天，製作皮力歐許麵團。在裝有揉麵勾的電動攪拌機碗中，攪拌過篩的麵粉、糖、牛奶、弄碎的新鮮酵母和一半的全蛋液15分鐘。在麵團脫離碗壁時，混入另一半的全蛋液、奶油和鹽之花，攪打15分鐘。麵團的溫度應介於24和25℃之間，冷藏保存2至3小時。

—

製作甜酥麵團。在裝有塑膠製麵團攪拌扇的食物料理機碗中，攪拌奶油5分鐘。混入鹽之花、糖粉、杏仁粉、蛋和麵粉。攪拌至形成團狀，和皮力歐許麵團一起冷藏靜置2小時。

—

在撒有麵粉的工作檯上，將甜酥麵團擀成薄薄的餅皮。用直徑7公分的切割器（emporte-pièce）切出一塊塊的圓形餅皮，將餅皮冷藏保存。

—

將皮力歐許麵團分為二份。將每塊麵團在工作檯上揉成長條狀，將每條麵團再分成10塊，並揉成同樣的球狀。分別擺在二個烤盤上。置於28℃的環境裡約2小時，讓麵球的體積膨脹為二倍。

—

旋風式烤箱預熱至200℃。

—

製作蛋黃漿。用刷子攪拌碗中的蛋黃、蛋、糖和鹽至均勻。將蛋黃漿刷在皮力歐許上，再放上圓形餅皮，入烤箱烤8分鐘。

—

製作百香柳橙慕斯林醬。在電動攪拌機的碗中攪打奶油10分鐘，緩緩混入百香果奶油醬，加入切成很小塊的糖漬柳橙丁。

—

將百香柳橙慕斯林醬倒入裝有6號平口擠花嘴的擠花袋中，將擠花嘴插入皮力歐許底部四分之一的地方，在中央擠入1大匙的百香柳橙慕斯林醬。在當天品嚐這款皮力歐許。

LE KOUIGN-AMANN

布列塔尼焦糖奶油酥

麵粉、新鮮奶油、酵母、砂糖─只要這幾種材料，便可做出kouign-amann布列塔尼焦糖奶油酥（唸作昆－亞曼），因此我們可將食譜簡單地描述成：奶油發酵麵團做成的蛋糕。其實，這就是名稱「布列塔尼Breton」字面上的意思：「奶油蛋糕gâteau au beurre」。這裡的奶油─當然是含鹽的─分量可真不少！比例是：每550克的麵粉就需要用到450克的奶油。如果加入了糖（精確地說是350克），就幾乎是折疊派皮（pâte feuilletée）的比例！就是和糖結合、融入麵團的奶油，使布列塔尼焦糖奶油酥的內部如此芳香美味。冷水和額外的糖則使外皮焦糖化、變得酥脆；這樣的風味與口感，絕非最初材料清單所顯示得那麼簡單。

我們幾乎可以確切地說，這道美食在1860年左右誕生於杜阿爾納納（Douarnenez）。它的發明人，是名叫依夫－黑內·斯科迪亞（Yves-René Scordia）的麵包師。那個年代，在麵包裡加入各種材料使其轉變成不同風味的佳餚，本是司空見慣的事，例如中古世紀拉伯雷（Rabelais）酷愛的扁平蛋糕fouace或fougasse，便是「以細小麥粉、高比例的雞蛋、奶油、番紅花、香料和水所製成。」圖賴訥（Touraine）的扁平蛋糕（fouace）是鹹的，南特（Nantes）的則是甜的，可能就是那位布列塔尼糕點師靈感的來源。不過兩者之間有一點不同：扁平蛋糕不是由摺疊派皮（pâte feuilletée）製成的。布列塔尼焦糖奶油酥，最後站在扁平蛋糕以及十四世紀時傳入北歐的法式薄捲餅（pâte à brick）兩條分叉道路的路口，但又和兩者並不相似，因此更突顯出依夫－黑內·斯科迪亞的創意。他的靈感究竟從何而來？

有人說，是他的妻子不小心將奶油留在麵包的麵團上；有人說是他把麵包麵團搞砸了，於是試著做成蛋糕。還有人說，他的靈感來自北歐水手帶進城裡的挪威食譜。也許他為了應付麵粉不足的問題，因而增加了奶油的比例，因為奶油本來就是法國烹調中重要的成分，還有甚麼比布列塔尼焦糖奶油酥的各個孔隙都散發出奶油更自然的事？在布列塔尼，神聖禮拜天的甜食之樂，就是布列塔尼焦糖奶油酥啊！

Kouign-amann

布列塔尼焦糖奶油酥

準備時間
30分鐘

烹調時間
約50分鐘

冷藏時間
約2小時30分鐘

發酵時間
約1小時30分鐘

2個布列塔尼焦糖奶油酥

La pâte levée feuilletée
折疊發酵派皮
中筋麵粉 (farine type 55) **550**克
融化奶油 **20**克
奶油 **450**克
新鮮酵母 **10**克

礦泉水 **280**克
給宏德鹽之花 **15**克
砂糖 **350**克

砂糖 **120**克

製作折疊發酵派皮。快速拌合過篩麵粉、融化奶油、摻入礦泉水的酵母和鹽之花成團,將麵團冷藏靜置30分鐘。
—
用擀麵棍敲打剩餘的奶油,讓奶油形成和麵團同樣的質地,並擀成正方形。
—
在撒有手粉的工作檯上將麵團擀成圓餅狀。將方形奶油擺在麵團中央。將麵團的四邊朝中央折起,包裹住奶油冷藏保存20分鐘。
—
在撒有手粉的工作檯上將麵團擀成長方形,長方形麵團的長邊長度必須為寬邊的3倍以上。將麵團折3折,形成單折的折疊派皮。冷藏保存1小時。
—

再將派皮擀成長方形,均勻撒上250克的糖,並以同樣方式製作單折。再次冷藏保存30分鐘。
—
將派皮分成2份,每份派皮均等撒上剩餘的100克糖,並擀成厚5公釐的圓形派皮。掌心塞至派皮下方,將派皮從工作檯上稍稍抬起:這樣可避免派皮在烘烤時收縮。冷藏保存30分鐘。
—

為2個直徑25公分、高4公分的慕斯圈刷上奶油。為2個烤盤均勻地撒上120克的糖,將慕斯圈擺在烤盤上。將每塊圓形派皮倒扣在慕斯圈中,並將超出邊緣的派皮向內折。讓派皮在約28℃的環境下靜置1小時30分鐘,讓派皮膨脹至較原體積大三分之一。
—
旋風式烤箱預熱至170℃。
—
將烤盤放入烤箱烤45至50分鐘。立刻去掉熱的慕斯圈,將布列塔尼焦糖奶油酥反面朝上地擺在鋪有烤盤紙的烤盤上。放涼,於當天品嚐。

Kouign-amann aux fruits rouges

紅果焦糖奶油酥

《多麼美味！
重新發現咬下一片抹上厚厚的奶油，
與莓果果醬麵包的口感與愉悅吧！
我喜歡做出一人份的迷你焦糖奶油酥，
使焦糖化的口感更酥脆。》

準備時間
30分鐘

烹調時間
約25分鐘

冷藏時間
約2小時20分鐘

發酵時間
約1小時30分鐘

12個焦糖奶油酥

La pâte levée feuilletée
折疊發酵派皮
中筋麵粉（farine type 55）**550克**
融化奶油 **20克**
奶油 **450克**
新鮮酵母 **10克**
礦泉水 **280克**
給宏德鹽之花 **15克**
砂糖 **350克**

砂糖 **120克**

La marmelade de fruits rouges
紅果醬
紅醋栗果粒（groseilles
égrappées）**100克**
黑醋栗果粒（cassis égrappés）
100克
藍莓 **100克**
覆盆子 **100克**
果膠糖（sucre gélifiant）
1包（50克）

製作折疊發酵派皮。快速拌合過篩麵粉、融化奶油、摻入礦泉水的酵母和鹽之花成團，將麵團冷藏靜置30分鐘。

—

用擀麵棍敲打剩餘的奶油，讓奶油形成和麵團同樣的質地，並擀成正方形。

—

在撒有手粉的工作檯上將麵團擀成圓餅狀。將方形奶油擺在麵團中央。將麵團的四邊朝中央折起，包裹住奶油冷藏保存20分鐘。

—

在撒有手粉的工作檯上將麵團擀成長方形，長方形麵團的長邊長度必須為寬邊的3倍以上。將麵團折3折，形成單折的折疊派皮。冷藏保存1小時。

—

製作紅果醬。將水果和果膠糖煮沸2分鐘，用2根湯匙，在透明塑膠片（feuille de Rhodoid）上放上一堆堆每堆約20克的果醬，並加以冷凍。

—

再將派皮擀成長方形，均勻撒上250克的糖，並以同樣方式製作單折。再次冷藏保存30分鐘。

—

為派皮撒上剩餘的100克糖，擀成厚5公釐的圓形派皮。掌心塞至派皮下方，將餅皮從工作檯上稍稍抬起：這樣可避免派皮在烘烤時收縮。

—

派皮切成邊長8公分的12個正方形，在中央擺上小堆的紅果醬，將每塊正方形派皮的4個角提起，朝紅果醬的方向折，並按壓在派皮上。

—

為12個直徑8公分、高4公分的慕斯圈和1個烤盤刷上奶油。在烤盤上均勻地撒上120克的糖。將慕斯圈擺在烤盤上，將派皮放入慕斯圈中，開口朝上。讓派皮在約28℃的環境下靜置1小時30分鐘，讓派皮膨脹至較原體積大三分之一。

—

旋風式烤箱預熱至170℃。

—

將烤盤放入烤箱烤20至25分鐘。立刻去掉熱的慕斯圈，將焦糖奶油酥開口朝上地擺在鋪有烤盤紙的烤盤上。放涼，於當天品嚐。

LE
咕咕霍夫
KUGELHOPF

—

咕咕霍夫不是蛋糕、不是麵包,更不是皮力歐許(brioche)。咕咕霍夫是阿爾薩斯(Alsace)的旗幟,是該區驕傲美食傳統的美味象徵。它是地位尊崇的珍饈,是東方三王從伯利恆(Bethléem)返回時,送給糕點師里博維萊(Ribeauvillé)的贈禮,以回報其款待之情。傳說,史上第一個咕咕霍夫就是當晚使用顯赫三王所帶回的陶瓷模具烘焙出來的。

很明顯的,咕咕霍夫理當享有一種特殊的地位。它的皇家血緣,使其歷經了漫長歲月和革命的挑戰。它是盛大場合時專用的甜點,阿爾薩斯家家戶戶的廚房裡,都擺著陶製或銅製的咕咕霍夫模,因為咕咕霍夫是婚禮、受洗禮和領聖體時用來慶祝的糕點。它是用愛和耐心製作的蛋糕,大家都喜愛的糕點。

咕咕霍夫名稱的起源則較為複雜。Kugelhopf來自kugel:「boule球」,和offen:「ouvert打開」,因為這道蛋糕的中央是開放的。「如穆斯林的頭巾」,過去的荷蘭人是這麼形容的;德國人則補充說:像「土耳其帽」。

十八世紀時,這道甜點廣受歡迎,流傳到法蘭西帝國的各大城市,甚至延伸至波蘭。波蘭國王斯坦尼斯拉斯(Stanislas)用馬拉加甜點酒浸潤,食用了大量的咕咕霍夫。在法國,來自奧地利的瑪麗·安東尼(Marie-Antoinette)皇后,每日的早餐都少不了咕咕霍夫,因為那是她童年回憶的一部分。這股席捲全歐的熱潮,直到 二十世紀初期才消退。

歷史和習俗,產生了各式各樣的咕咕霍夫:維也納的咕咕霍夫加入了大量的奶油,其他的版本則依國家而異,加入了比例不同的葡萄乾和糖。十九世紀中葉,巴黎人似乎認養了咕咕霍夫。阿爾薩斯的咕咕霍夫是否由皮耶·立康(Pierre Lacam),於1840年從史特拉斯堡(Strasbourg)傳入的呢?皮耶·立康為歷史學家兼糕點師,他在雄雞路(rue du Coq)開設的糕點店,每天都賣出十幾個咕咕霍夫。

阿爾薩斯的傳統食譜始終不變,麵團要發酵二次,膨脹到超出模型邊緣。咕咕霍夫的愛好者,將創意延伸到模具,成為許多變化的主題,包括阿爾薩斯的設計師在2007年為一項特殊競賽所推出的某些造型。但不論是得獎的模具與其他的設計,都無法像這道糕點本身,如此吸引大眾的注意。

Kugelhopf

咕咕霍夫

準備時間
30分鐘

烹調時間
約40分鐘

發酵時間
3小時

2個咕咕霍夫

葡萄乾**60克**
麵粉**300克**
砂糖**40克**
蛋黃**30克**
全脂鮮乳**100克**
新鮮酵母**8克**
軟化的奶油**70克**
給宏德鹽之花**5克**

去皮的整顆杏仁
糖粉

用熱水沖洗葡萄乾。將葡萄乾瀝乾並以廚房紙巾擦乾。

—

在裝有揉麵勾的電動攪拌機碗中放入麵粉、糖、蛋黃和一半的牛奶攪打，攪打至麵團脫離碗壁。混入剩餘的牛奶，接著是弄碎的新鮮酵母、奶油、鹽之花，最後是葡萄乾。每加入一樣食材，就攪打至麵團脫離碗壁。

—

將麵團放入沙拉攪拌盆中，蓋上布巾。在24℃的環境裡靜置1小時30分鐘至2小時，讓麵團的體積膨脹為二倍大。

—

為兩個直徑16公分的咕咕霍夫模刷上奶油。在每個凹槽內放入1顆杏仁。

—

將麵團分為2份。將每個麵團擀平，接著將4個角朝麵團的中央折起。翻面，接著在工作檯上擀平。在中央挖穿一個洞，接著將麵團擺進模型底部，壓實。蓋上布巾，讓咕咕霍夫在室溫24℃的環境裡膨脹1至2小時。

—

旋風式烤箱預熱至170℃。

—

將模型放入烤箱，烤約40分鐘。輕拍表面以確認熟度：內部應發出低沉的聲音。

—

在網架上為咕咕霍夫脫模，放涼。依個人喜好撒上糖粉，品嚐。

Bostock Arabella

阿拉貝拉博斯托克

準備時間
30分鐘（前一天）
+45分鐘（當天）

烹調時間
1小時

冷藏時間
2小時

發酵時間
3小時

12人份

La brioche mousseline
慕斯林皮力歐許
麵粉 **250克**
砂糖 **35克**
新鮮酵母 **8克**
全蛋 **190克**
奶油 **225克**
給宏德鹽之花 **7克**

Le sirop d'imbibage au gingembre 薑糖漿
礦泉水 **200克**
砂糖 **375克**
新鮮生薑 **30克**
杏仁粉 **35克**

La crème de noisette au gingembre 薑香榛果奶油醬
回軟奶油 **90克**
糖粉 **90克**
榛果粉 **90克**
皮埃蒙純榛果醬（pâte de noisette pure Piémont）**35克**
全蛋 **50克**
卡士達粉（poudre à flan）**9克**
糖漬薑 **35克**

Les noisettes grillées et concassées 烤榛果碎
榛果 **180克**

最後完成
軟的香蕉乾（bananes séchées moelleuses）**240克**
糖粉

《我選擇用博斯托克（Bostock）來詮釋咕咕霍夫，因為兩者都具有特別濃郁的發酵麵團。博斯托克就是一片鋪上杏仁奶油醬、撒上杏仁片的皮力歐許麵包片，傳統上會在早餐享用。》

前一天，製作慕斯林皮力歐許。在裝有揉麵勾的電動攪拌機碗中攪拌過篩的麵粉、糖、弄碎的酵母和140克的蛋15分鐘。在麵團脫離碗壁時，混入剩餘的蛋、奶油和鹽之花。繼續揉麵至麵團再度脫離碗壁。冷藏靜置2小時，或直到麵團獲得均勻的冷度。

—

為二個圓柱狀的模型（或直徑10公分的罐頭）刷上奶油。鋪上烘焙專用烤盤紙，並讓烤盤紙超出模型邊緣。將麵團分裝至模型中，在25℃的環境下靜置2至3小時，讓麵團膨脹。

—

旋風式烤箱預熱至170℃。

—

將模型放入烤箱，烤約40分鐘。出爐後，為皮力歐許脫模並放涼。用保鮮膜包好，在室溫下保存至隔天。

—

當天，製作薑糖漿。將礦泉水、糖、去皮並切成薄片的薑煮沸。將杏仁粉過篩並加入上述材料中混合。放涼後將糖漿冷藏保存。

—

製作榛果奶油醬。在裝有槳狀攪拌器的電動攪拌機碗中，混合奶油、糖粉、榛果粉、榛果醬、蛋、卡士達粉和切成小丁的糖漬薑，攪拌但勿使奶油醬打入空氣。倒入裝有14號平口擠花嘴的擠花袋中。

—

旋風式烤箱預熱至150℃。

—

製作烤榛果碎。將榛果鋪在烤盤上，放入烤箱烤15分鐘。將榛果倒入粗孔網篩中，用掌心搓揉榛果以去皮，再將榛果切碎。

—

將皮力歐許切成厚2公分共12片。將薑糖漿加熱至45℃。將皮力歐許片一一浸入糖漿中，再陸續擺在置於烤盤中的網架上。將香蕉乾切成邊長約5公釐的香蕉丁，撒在皮力歐許上，再擠出螺旋狀的薑香榛果奶油醬，撒上烤榛果碎，冷藏保存至烘烤時。

—

旋風式烤箱預熱至170℃。

—

將博斯托克擺在鋪有烘焙專用烤盤紙的烤盤上，烤18分鐘。出爐後放涼，再撒上糖粉。

LA LINZER-TORTE

林茲塔

—

著名的林茲塔，誕生於橫跨多瑙河（Danube）兩岸的上奧地利（Haute-Autriche）首都—林茲（Linz）。某些資料認為，它的名字來自定居在維也納的麵包師林茲（Linzer），或另一位來自巴德伊舍（Bad Ischl）的麵包師。也有人提到林茲的糕點師喬安・康瑞・佛格（Johann Conrad Vogel），是他將食譜改良成今天的版本，但以城市命名仍是最可靠的理論。這道帶有深色餅皮和表面格紋的特產，較其他糕點更為凸顯的地方在於，這是史上第一道明確與某地區相連的糕點。熱內亞（Gênes）海綿蛋糕和馬拉科夫（malakoff）蛋糕，可是在林茲塔二個世紀後才問世！

近代的歷史考究發現，林茲塔的歷史還要更早好幾年。2005年，圖書館員瓦爾特勞德（Waltraud Faißner）在奧地利史泰利亞邦（Styrie）的阿德蒙特（Admont）本篤會修道院工作時，有了驚人的發現。她接觸到1653年屬於奧地利貴族，伯爵夫人安娜・瑪格利塔・薩卡摩沙（Anna Margarita Sagramosa）的食譜集，這本著作列出四道林茲塔的食譜，和一道詳細的麵團食譜。

從十七世紀開始，這種麵團的成分—在麵粉裡混合杏仁粉或榛果粉—就成了這道torte（它真正的意思就是奧地利人的蛋糕）的特色。其中，杏仁粉的比例很高（375克的杏仁粉對上150克的麵粉）。麵團中並不一定要加入肉桂；只有一道食譜用到香料，而且只限於格紋部分。至於餡料，則是糕點師的個人選擇，雖然有些食譜提到榅桲（coing）或罐頭水蜜桃。

那麼在現代食譜中似乎無法缺少的莓果果醬，又是如何出現的？林茲的傳統，是以紅醋栗來裝飾覆盆子果凍，但也有許多變化，如在麵團中加入櫻桃、檸檬糖霜（glaçage citron）、杏仁霜等。

如果想要知道奧地利林茲塔的官方版本，就看看2009年林茲為了競選歐洲文化首都所製作的海報吧。上面是一塊很有厚度的塔，幾乎像是餡餅（tarte），在紅色果醬內餡的上方，有細長的格紋交錯，周圍再以杏仁片裝飾成一個大圓圈—事實上，很像下一頁的食譜…

Linzertorte

林茲塔

準備時間
30分鐘（前一天）
+20分鐘（當天）

烹調時間
約30分鐘

冷藏時間
30分鐘

6至8人份

La confiture de framboises pepins 帶籽覆盆子果醬
覆盆子 **400克**
砂糖 **260克**
檸檬汁 **5克**

La pâte sablée à la cannelle
肉桂甜酥麵團
熟蛋黃 **60克**
麵粉 **300克**
泡打粉 **7克**
錫蘭肉桂粉 **12克**
回軟奶油 **280克**
糖粉 **70克**
給宏德鹽之花 **1克**
杏仁粉 **50克**
陳年棕色蘭姆酒 **12克**

La dorure 蛋黃漿
蛋黃 **1個**
砂糖 **1撮**
鹽 **1小撮**

前一天，製作覆盆子果醬。用食物料理機以高速攪打覆盆子5分鐘，讓籽碎裂。混入糖，再攪打30秒。將打好的果泥煮沸，讓果泥滾沸3分鐘，邊攪拌邊混入檸檬汁，並放涼。

—

製作甜酥麵團。將3顆蛋放入沸水中煮10分鐘。取出冰鎮後剝殼，將蛋切半後取出60克的蛋黃。

—

將麵粉和泡打粉、肉桂粉混合並過篩。在裝有塑膠製麵團攪拌扇的食物料理機碗中放入奶油，依序加入糖粉、鹽之花、熟蛋黃、杏仁粉、蘭姆酒，接著是過篩的粉類，快速攪拌至材料形成團狀。

—

將麵團平放在保鮮膜上。將麵團包起，冷藏靜置。

—

當天，將麵團擀至3公釐的厚度。裁成直徑28公分的圓形麵皮，並將裁下的麵皮擀成長24公分的長方形。冷藏靜置30分鐘。

—

為直徑24公分的塔圈（cercle à tarte）刷上奶油。放入圓形麵皮，稍微轉動，讓邊緣密合。倒入帶籽的覆盆子果醬。

—

將長形方餅皮裁成寬5公釐的細條。交錯地擺在塔上，形成菱形花紋。

—

旋風式烤箱預熱至170℃。

—

製作蛋黃漿。在碗中混合蛋黃、糖和鹽。將蛋黃漿輕輕刷在細條狀餅皮上。將林茲塔放入烤箱烤約30分鐘。在網架上放涼後將塔圈移去。即可品嚐。

Tango

探戈

準備時間 2小時30分鐘	8人份	La crème de parmesan 帕馬森鮮奶油醬
烹調時間 約30分鐘	La pâte sucrée au sésame 芝麻甜酥麵團 軟化的奶油 **50克** 杏仁粉 **10克**	紅牛帕馬森起司（parmesan vache rouge）（或雷加諾 reggiano帕馬森起司）**80克** 吉利丁片 **4克**
冷藏時間 約3小時	糖粉 **30克** 香草粉 **1撮** 全蛋 **20克**	礦泉水 **45克** 砂糖 **45克** 蛋黃 **60克**
冷凍時間 2小時	給宏德鹽之花 **2撮** 麵粉 **85克** 烤成金黃色的白芝麻粒 **30克**	液狀鮮奶油 **210克**

《甜酥麵團裡撒上烘烤過的金黃芝麻，
搭配糖煮覆盆子與紅椒，以及綿密的
帕馬森卡士達，探戈是一道介於塔和
蛋糕之間的甜點。
選擇優質的帕馬森起司是首要條件，
我個人偏好紅牛帕馬森起司。
必須使用新鮮現刨的起司絲，
才能充分發揮其風味。》

製作芝麻甜酥麵團。將奶油放入裝有塑膠製麵團攪拌扇的食物料理機碗中。依序加入杏仁粉、糖粉、香草粉、蛋和鹽之花。攪拌1分鐘，接著加入過篩的麵粉和芝麻。以電動攪拌機快速攪打，將麵團冷藏2小時。

—

將一個沙拉攪拌盆放入冰箱冷卻。

—

製作帕馬森鮮奶油醬。將帕馬森起司塊刨碎，接著用冷水浸泡吉利丁20分鐘，讓吉利丁軟化。礦泉水和糖煮沸，蛋黃打發，一邊持續攪打一邊倒入煮沸的糖漿，打發到冷卻且體積膨脹為二倍大。在冰涼的沙拉攪拌盆中將160克的液狀鮮奶油攪打成打發鮮奶油。將剩餘的鮮奶油煮沸，放入擰乾的吉利丁，讓吉利丁溶化。將打發的蛋黃、融化吉利丁的鮮奶油、帕馬森起司絲和打發鮮奶油混合均勻。

—

將直徑16公分的慕斯圈擺在烤盤墊（tapis de cuisson）上，將帕馬森鮮奶油醬倒入慕斯圈中。冷凍約2小時。

—

La compote de framboises au poivron rouge
糖煮紅甜椒覆盆子泥
吉利丁片**6克**
紅甜椒**½顆**
砂糖**60克**
覆盆子泥**250克**
覆盆子醋**20克**

最後完成
覆盆子果醬**60克**
覆盆子**1盒**（250克）

旋風式烤箱預熱至170℃。

—

將甜酥麵團擀至2.5公釐的厚度，鋪放入直徑20公分並刷上奶油的塔模，冷藏30分鐘。

—

為塔模鋪上邊緣裁成條狀的的烘焙專用烤盤紙，裝滿豆子，放入烤箱烤20分鐘。將烤盤紙和豆子移去。再將塔模放入烤箱續烤約5至10分鐘，直到塔底呈現金棕色。在網架上脫模，放涼。

—

製作糖煮紅甜椒覆盆子泥。用冷水浸泡吉利丁20分鐘，將吉利丁泡軟。去掉半顆甜椒的籽和薄膜，接連浸泡沸水三次，接著以冰水沖洗，將甜椒晾乾並去皮。用食物料理機攪打，接著過濾，收集25克的甜椒泥。

—

將甜椒泥加熱至微溫，放入擰乾的吉利丁，讓吉利丁溶化。加入糖、覆盆子泥和醋混合。放涼後，將糖煮紅甜椒覆盆子泥鋪在塔底。冷藏至凝固。

—

用吹風機加熱慕斯圈，為圓餅狀的帕馬森鮮奶油醬脫模。擺在糖煮紅甜椒覆盆子泥上方的塔中央，刷上覆盆子果醬。在圓餅周圍擺上新鮮覆盆子。冷藏30分鐘解凍，品嚐。

LE MUFFIN

瑪芬

美國的瑪芬和英國版本不同：英國的瑪芬是以發酵麵團製成、快速烘焙的鹹味小麵包；美式瑪芬則是迷你小蛋糕，上面以新鮮或乾燥水果、堅果或巧克力碎片裝飾，有點像輕盈版本的瑪德蓮（Madeleine），兩者的主要材料也相同：奶油、糖、麵粉、蛋，唯一的差別，在於比例、技術以及泡打粉的添加。泡打粉的發現，促成了十八世紀後期居家烘焙的革命。這項添加物，能產生快速、可靠的成果，而第一道將它納入的食譜，出現在《美國烹飪大全 American Cookery》一書，這是第一本真正的美國食譜書，在 1796 年由艾蜜莉亞·西蒙（Amelia Simmons）出版。直到 1857 年之後，泡打粉才開始在全球銷售；二十世紀之後，熱潮才席捲全美。在英國的各大城市，街頭的瑪芬小販總是在午茶時間準時搖起鈴聲，因此於 1840 年，倫敦國會通過法案，禁止使用「瑪芬鈴」，以免妨礙市民。也許正因為此時，一般大眾已經熟知瑪芬的配方？

在稍早的 1828 年，伊麗莎·萊斯利（Eliza Leslie）在《糕點、蛋糕和甜食的 75 道食譜 Seventy-five Receipts for Pastry, Cakes, and Sweetmeats》中，公開了「杯子蛋糕 cupcakes」的食譜，也就是美國瑪芬的另一個名稱（幾乎算是了）。杯子蛋糕就是日後瑪芬的現代化身，這是鋪上糖霜並加以裝飾的版本，受到便利的瑪芬杯（caissettes à muffin）的影響，大為普及。食譜名稱中的「杯子」，用來表示材料的度量單位，同時也指這些瑪芬紙模。杯子蛋糕有時又稱為「數字蛋糕 the number cake」，因為材料可用以下的數字來記憶：「1-2-3-4，代表 1 杯奶油、2 杯糖、3 杯麵粉、4 顆蛋」。瑪芬的特色就像杯子蛋糕一樣，在於分別混合乾料與濕料，再將兩者快速組合。

瑪芬／杯子蛋糕之於美國，如同馬卡龍（macaron）之於法國，受到大眾熱烈歡迎的原因在於其豐富多變的風味。在大城市裡，專賣杯子蛋糕的麵包店往往大排長龍。從 1990 年代的喜劇影集《歡樂單身派對 Seinfeld》，就可看出隨處可見的瑪芬吸引力。在其中一集裡，艾蓮娜·貝奈斯（Elaine Benes）和人合夥，開了一間專賣「瑪芬頭 muffin top」的店，因為瑪芬表面「酥脆、具爆炸性，這就是瑪芬掙脫模具的束縛、自由發揮的部分」。即使在好幾世紀之後，仍不斷有熱情的支持者倡導瑪芬的美味，這可不只是一時的流行。

Blueberry muffin

藍莓瑪芬

食譜出自
方翠絲卡‧卡蒂那尼
Francesca Castignani

準備時間
15分鐘

烹調時間
約20分鐘

約12個大瑪芬或20個小瑪芬

Le crumble 奶油酥頂
冰冷的奶油**50克**
砂糖**50克**
杏仁粉**50克**
麵粉**50克**

La pâte à muffins 瑪芬麵糊
砂糖**350克**
青檸皮**5克**（未經加工處理）
給宏德鹽之花**3克**
麵粉**600克**
泡打粉**20克**
全蛋**200克**
高脂鮮奶油（crème fraîche épaisse）**370克**
融化奶油**250克**
藍莓**250克**

旋風式烤箱預熱至180℃。

—

製作奶油酥頂。在裝有塑膠製麵團攪拌扇的食物料理機碗中攪打所有材料，直到形成小小的粗粒狀。冷藏保存。

—

製作瑪芬麵糊。一邊混合乾料（糖、青檸皮、鹽之花、麵粉和泡打粉），另一邊混合濕料（蛋、鮮奶油和奶油）。將乾料混入濕料中，勿過度攪拌，接著加入一半的藍莓。

—

將麵糊分裝至瑪芬紙模中。撒上剩餘的藍莓和奶油酥頂。

—

入烤箱烤約20分鐘。取出讓瑪芬在網架上冷卻。放涼後品嚐。

Muffin au potimarron

栗子南瓜瑪芬

準備時間
30分鐘

烹調時間
約50分鐘

約12個大瑪芬

北海道品種的栗子南瓜
（potimarron Hokkaido）**1顆**
（約1公斤）(以取得335克的果泥)
中筋麵粉（farine type 55）**420克**
泡打粉 **29克**
肉桂粉 **4克**
薑粉 **2克**
肉荳蔻粉 **2克**

奶油 **285克**
砂糖 **250克**
給宏德鹽之花 **3克**
全蛋 **300克**
葡萄乾 **185克**
南瓜籽 **100克**
＋最後完成用 **180克**

《在紐約的莎拉貝絲（Sarabeth）餐廳，
我發現了南瓜瑪芬。
我想要調整出符合自己的口味，
用了北海道品種的栗子南瓜，
增添水分和酸度；
葡萄乾和南瓜（或奶油瓜）籽則帶來了
酥脆口感。》

旋風式烤箱預熱至160℃。

—

不要削皮，用刀將挖空並去籽的栗子南瓜切成薄片。為南瓜
蓋上打洞的烘焙專用烤盤紙，入烤箱烤30分鐘。放涼。

—

將烤箱溫度調高至180℃。

—

將麵粉連同泡打粉、肉桂、薑粉和肉荳蔻粉一起過篩。在裝
有球狀攪拌棒的電動攪拌機碗中，攪打分成小塊的奶油、糖
和鹽之花5分鐘。混入蛋，一次一顆。在每加入一顆蛋後攪
打均勻。混入栗子南瓜泥，這將讓麵糊形成鮮明的顏色。加
入過篩後的粉類和香料，再次拌勻。混入葡萄乾和南瓜籽。

—

將麵糊倒入裝有12號平口擠花嘴的擠花袋中。將麵糊擠入
瑪芬紙模中，並撒上南瓜籽。

—

入烤箱烤約20分鐘。將薄刀插入以確認熟度：刀子抽出時
必須保持乾燥。品嚐放涼的瑪芬蛋糕。

LE
STRUDEL

酥皮卷

—

在糕點史中，入侵者往往也在無意中成了糕點的傳播者。酥皮卷的祖先就是這樣，隨著阿拉伯人和土耳其人的侵略而繁衍蔓延，以不同的名稱，深植於地中海盆地和西歐的大多數地區。這整個糕點家族的祖先，是一種極其細緻的派皮（pâte feuilletée），以高筋麵粉（farine de gluten）和溫水製成，並加入蛋和油，有時也會加入少量的醋。墨西哥的pastilla、baklava；匈牙利的rétès；法國西南部的pastis（圖爾戰役bataille de Poitiers後由摩爾人Maures留下）；希臘和土耳其的kadaafi，都是早在十四世紀便已紮根於奧地利和巴伐利亞酥皮卷（strudel）的表親。

經過六個世紀的演化，已足以讓這道糕點成為地方特產！德國人和奧地利人，為它找到一個很適合的新名稱。「strudel」的意思是「漩渦」，將麵皮重複捲起形成的美味甜點，並包藏了各種好東西在裡面—最常見的是撒上肉桂粉的蘋果、但也有櫻桃、新鮮起司（fromage blanc），甚至是鹹餡料，如豬油拌水煮牛肉碎、洋蔥、紅椒粉（paprika）和巴西里。

在那個年代，還買不到現成麵皮，必須完全仰賴手工，想要成品具備對比卻又互補的特質—細緻、有彈性而結實—烘焙師的技巧得十分精湛才行。只要觀察糕點師現場製作，就會意識到這是多麼吃力的工作。專業酥皮卷及其他薄派皮（pâtes filo）的最高標準，就是要薄到能夠透過它讀出下方報紙的文章。

將麵皮捲起的動作也與傳統息息相關。將一塊大桌布鋪在工作檯上，撒上麵粉。將麵皮用擀麵棍擀開，再用手在空中靈巧地旋轉好幾次，將麵皮撐開，落在桌布上。接著必須用力地抖動麵皮，再將餡料捲起。在馬拉喀什（Marrakech）的家庭裡、維也納的德梅爾咖啡館（Demel）和薩赫酒店（l'hôtel Sacher），或是布達佩斯的吉爾波咖啡館（Gerbeaud），都還是以這樣的方式製作。

Apfelstrudel

奧地利蘋果酥卷

準備時間
30分鐘

烹調時間
約30分鐘

冷藏時間
1小時

12人份

La pâte à strudel 酥皮卷麵團
麵粉 **200克**
葵花油 **3大匙**
礦泉水 **60克**
給宏德鹽之花 **1撮**
全蛋 **50克**

融化奶油 **50克**
糖粉

La garniture 餡料
葡萄乾 **30克**
陳年棕色蘭姆酒 **30克**

麵包粉（chapelure）**130克**
奶油 **50克**
砂糖 **70克**
香草糖（sucre vanillé）**1小匙**

蘋果（Cox's orange 品種）
1.8公斤
檸檬汁 **1顆**
砂糖 **80克**
肉桂粉 **1小匙**

製作酥皮卷麵團。在裝有揉麵勾的電動攪拌機碗中混合麵粉、油、礦泉水、鹽之花和蛋，直到形成平滑的麵團。冷藏靜置至少1小時。

—

製作餡料。在熱水中清洗葡萄乾，再以蘭姆酒浸漬。

—

在平底煎鍋中，以小火將麵包粉炒成金黃色，加入奶油、砂糖和香草糖。

—

將蘋果削皮並切半，接著挖去果核並去籽，用削皮刀切成薄片，放入大碗中淋上檸檬汁，再和糖、肉桂粉混合，備用。

—

用擀麵棍將酥皮卷麵團擀平，然後擺在工作檯上撒有麵粉的桌布上。雙手手背在麵皮下方將麵皮撐開，盡可能拉至最薄。應形成約60×70公分的長方形麵皮。

—

旋風式烤箱預熱至200℃。

—

為麵皮刷上融化的奶油。從下緣開始撒上炒成金黃色的麵包粉，並形成寬約6公分的帶狀。放上肉桂蘋果，撒上酒漬葡萄乾，接著用桌布輔助，將酥皮卷盡可能緊緊捲起。

—

在鋪有烘焙專用烤盤紙的烤盤上，將酥皮卷折成V字形。刷上融化奶油，入烤箱烤約30分鐘，一邊留意上色情形。放涼，切成12等份，接著撒上糖粉。可搭配鮮奶油香醍（材料表外）品嚐。

Tarte aux pommes au lait d'amande douce

甜杏乳蘋果塔

準備時間
30分鐘（前一天）
+30分鐘（當天）

烹調時間
約45分鐘

冷藏時間
30分鐘

8至12人份

La garniture 餡料
蘋果1公斤
（reine des reinettes、cox-
orange、granny smith 或
calville 品種）
奶油**20克**
砂糖**40克**
純正杏仁糖漿（sirop d'orgeat
véritable）**40克**
金黃葡萄乾**100克**
松子**30克**

核桃碎**30克**
錫蘭肉桂粉**2克**

核桃
糖粉

La pâte sucrée 甜酥麵團
室溫奶油**150克**
糖粉**95克**
杏仁粉**30克**
給宏德鹽之花**1克**
香草莢**¼根**
全蛋**60克**
麵粉**250克**

《為了發揮出這道塔的獨特風味，
請使用味道截然不同的蘋果品種，
使各自的特色風味─不同的甜、
酸味與口感─都能吸收進來。
杏仁糖漿（orgeat）和水混合後，
呈現出牛奶般的顏色，
因此稱為"杏仁乳"。》

前一天，製作配料。將一半的蘋果削皮，每顆切成四塊，接著挖去果核並去籽。將蘋果塊切成邊長5至7公釐的丁。

—

在熱奶油中，以旺火翻炒蘋果丁3分鐘，並撒上糖。離火後加入杏仁糖漿、葡萄乾、松子、核桃碎和肉桂粉，拌勻。放入碗中，冷藏保存至隔天。

—

製作甜酥麵團。在裝有塑膠製麵團攪拌扇的食物料理機碗中，將回軟奶油拌至均勻。依序加入過篩的糖粉、杏仁粉、鹽之花、剖開取籽的香草莢、蛋，接著是過篩的麵粉，揉至形成麵團狀。將麵團分為二塊，冷藏靜置。

—

當天，將一塊麵團冷凍作為他用。將另一塊麵團擀成2.5公釐的厚度，放入直徑24公分並預先刷上奶油的模型或塔圈中。將超出邊緣的多餘麵皮裁去，接著用叉子在底部戳洞。冷藏靜置至少30分鐘。

—

...

旋風式烤箱預熱至170℃。

—

在底部擺上剪出條狀的烘焙專用烤盤紙並鋪滿豆子。將塔底放入烤箱，烤20分鐘。

—

將另一半的蘋果削皮並去籽。用刨絲器（mandoline）刨成絲。

—

將塔底的烤盤紙和豆子移除，鋪上前一天準備的蘋果餡料，再疊上現刨成絲的蘋果，入烤箱烤約20分鐘。

—

將塔放涼、脫模，接著以核桃仁裝飾，再依個人喜好撒上糖粉。

LA TARTE TROPÉZIENNE

聖托佩塔

聖托佩塔並非來自中國或拜占庭的異國產物，這道漂亮的奶油夾心皮力歐許，僅僅誕生於1955年，卻已成為傳奇。這和一個男人與一個女人有關…那是多麼了不起的女人啊！她就是碧姬・芭杜（Brigitte Bardot），一名年輕的女演員，在迷人的聖托佩（Saint-Tropez）以翹唇散發出無限性感風情。男人則是指亞歷山大・米卡（Alexandre Micka），一名年輕的波蘭糕點師，在法國南部這個風景如明信片般美麗的小漁村（日後成為電影明星與富豪的渡假勝地），開了一家店。他在店裡賣可頌、披薩等，還有一種撒滿糖粉的奶油夾心皮力歐許，那是他祖母曾在波蘭做給他吃的。

當電影《上帝創造女人 Et Dieu créa la femme》1956年在聖托佩拍攝時，米卡很快就成了電影工作人員的糕點供應商，提供這道著名的甜點。碧姬・芭杜以那獨特、性感的聲音低聲說（我們彷彿可以看到那美麗的臉龐）：「你要給這道塔取名字嗎？何不叫聖托佩塔？」1973年，當米卡發現模仿他的庸俗糕點隨處可見時，便為自己的「聖托佩塔」申請專利。尚－巴蒂斯特・杜蒙（Jean-Baptiste Doumeng）是食品業的大老闆，綽號是「共產黨的億萬富翁 the Red Millionaire」，他將米卡的塔以冷凍食品的方式，在全歐販賣。10年後，米卡和亞伯特・杜弗那（Albert Dufrene）合作，將米卡的塔在聖托佩海灣的連鎖糕點屋內販售，並專門供應大型賽車活動。

然而，想打破神話的人，可輕易追溯出這款卡士達塔的起源，其實就像歐洲一樣古老！這項特產在菲利浦和瑪琍・依曼（Philip et Mary Hyman）合著的《法國烹飪遺產目錄：北部─加萊海峽 Inventaire du patrimoine culinaire de la France, Nord et Pas-de-Calais》已有記載：「在比利時南部與法國北部，每逢節慶，總是以這道加了糖的著名塔點，作為盛宴的尾聲。它的歷史可追溯至十七世紀後半。」在法國東部的某些地方會加入奶油醬（crème），但聖托佩塔的出色之處，在於材料之間神奇的交互作用，它的確切配方在這半世紀以來一直受到保密。根據我們掌握到的稀少資料，這裡提供的版本，是由一種發酵麵團所做成，並帶有三種不同的內餡：卡士達奶油醬（crème pâtissière）、打發的鮮奶油、與奶油醬（crème au beurre），並以香草或櫻桃酒或橙花水調味。從第一口開始，皮力歐許的輕盈質感結合著柔軟奶油醬的滋潤，化為清新的輕吻，使人忍不住一口接著一口。空氣中似乎突然瀰漫著夏天的芳香，眼前出現搖曳在金黃色大腿上的迷你裙。少了聖托佩塔的聖托佩，就不像聖托佩了。

Tarte tropézienne

聖托佩塔

準備時間
30分鐘（前一天）
+1小時（當天）

烹調時間
約20分鐘

靜置、冷藏和冷凍時間
2小時

12人份

La pâte briochée
皮力歐許麵團
麵粉 **250克**
砂糖 **35克**
全脂鮮乳 **50克**
新鮮酵母 **10克**
全蛋 **125克**
奶油 **90克**
給宏德鹽之花 **8克**

La chapelure spéciale
特製酥頂碎粒
冰冷的奶油 **35克**
砂糖 **40克**
麵粉 **60克**

La crème pâtissière
卡士達奶油醬
全脂鮮乳 **500克**
香草莢 **1根**
砂糖 **130克**
卡士達粉（poudre à flan）**35克**
麵粉 **15克**
蛋黃 **120克**
回軟奶油 **50克**

La crème légère
卡士達鮮奶油醬
奶油 **175克**
液狀鮮奶油 **200克**
卡士達奶油醬 **700克**
櫻桃酒 **15克**
橙花水 **10克**

最後完成
糖粉

前一天，製作皮力歐許麵團。在裝有揉麵勾的電動攪拌機碗中，攪拌麵粉、糖、牛奶、弄碎的酵母和100克的蛋液攪打15分鐘，直到麵團脫離碗壁。混入剩餘的蛋液，再度揉至麵團脫離碗壁。加入分成小塊的奶油和鹽之花，攪打至麵團脫離碗壁。

—

將麵團滾成球狀，讓麵團在室溫下膨脹45分鐘。用拳頭捶打麵團排出氣體，讓麵團回復到原來的體積。再度將麵團滾成球狀，冷凍15分鐘後冷藏至隔天。

—

當天，將麵團擀成直徑28公分的圓形餅皮。擺在鋪有烘焙專用烤盤紙的烤盤上，用叉子在餅皮的整個表面上戳洞。讓餅皮在28℃的環境裡發酵1小時。

—

製作特製酥頂碎粒。在裝有塑膠製麵團攪拌扇的食物料理機碗中，將奶油、糖和麵粉攪拌至形成大致均等大小的小顆粒。冷藏保存。

—

製作卡士達奶油醬。將牛奶、縱向剖開兩半取籽的香草莢和糖以平底深鍋煮沸。用打蛋器混合卡士達粉、麵粉和蛋黃。加入三分之一的熱牛奶，一邊攪拌，接著再全部倒回平底深鍋中並煮沸。倒入沙拉攪拌盆中，下墊裝有冰水的鍋中隔冰冷卻，去除香草莢。當奶油醬降至60℃時，混入分成小塊的奶油。在卡士達奶油醬表面緊貼上保鮮膜，冷藏保存。

—

旋風式烤箱預熱至200℃。

—

用刷子沾水，刷在皮力歐許的圓形餅皮上。撒上特製酥頂碎粒。放入烤箱，並將溫度調低至170℃，烤約20分鐘。取出在網架上放涼。

—

製作卡士達鮮奶油醬。將奶油加熱至融化，並將鮮奶油打發。用手持式電動攪拌棒將卡士達奶油醬打至平滑，並以緩緩少量的方式混入仍溫熱的融化奶油。加入櫻桃酒和橙花水，接著輕輕混入打發鮮奶油。放至完全冷卻。

—

用鋸齒刀將皮力歐許橫向切半，在底部鋪上大量的卡士達鮮奶油醬。蓋上上層的皮力歐許，接著冷藏保存。撒上糖粉後品嚐極為冰涼的聖托佩塔。

Hermé Carré Yu

艾曼柚香方塊

準備時間
1小時（前一天）
+2小時（當天）

烹調時間
10小時（前一天）
+8小時（當天）

冷藏和冷凍時間
5小時（當天）

12人份

L'étuvée de pommes de dix heures à l'orange
10小時柳橙煨蘋果
柳橙皮¼顆（未經加工處理）
砂糖 **15克**
蘋果 **350克**（reine des reinettes、cox-orange、granny smith 或 calville 品種）
融化奶油 **10克**

La crème brûlée aux zestes d'orange 橙皮烤布蕾
吉利丁片 **4克**
全脂鮮乳 **155克**
砂糖 **25克**
金合歡花蜜 **30克**
柳橙皮¼顆（未經加工處理）
液狀鮮奶油 **155克**
蛋黃 **80克**

Les fines tranches de citron vert croquantes 青檸薄脆片
礦泉水 **100克**
砂糖 **125克**
青檸 **2顆**

La pâte à sablé breton
布列塔尼甜酥麵團
半鹽奶油 **100克**
無鹽奶油（beurre doux）**35克**
糖粉 **45克**
給宏德鹽之花 **1撮**
熟的水煮蛋黃⅓顆
麵粉 **125克**
馬鈴薯澱粉 **25克**

Les pommes crues assaisonnées 調味生蘋果
青蘋果 **45克**（granny smith 品種）
柚子汁 **10克**
罐裝砂勞越黑胡椒研磨 **1圈**

Les pommes crues et cuites à l'orange et au yuzu
柚香生與熟蘋果
吉利丁片 **4克**
柚子汁 **25克**
調味生蘋果 **50克**
10小時柳橙煨蘋果 **170克**

Le chocolat blanc fluide
液狀白巧克力
伊芙兒覆蓋白巧克力
（couverture Ivoire Valrhona）
300克
可可脂（beurre de cacao）
100克

《 當我在品嚐馬克·維哈（Marc Veyrat）創造的魚子醬糖果時，突然有了靈感，想創作出這道甜點的特殊口感。獨特風味與質感經過仔細的堆疊建構─從綿密到香黏、再轉成酥脆。》

前一天，旋風式烤箱預熱至90℃。

—

製作煨蘋果。用雙手搓揉柳橙皮和糖。將蘋果削皮並切半，接著挖去果核和籽，再切成薄片。擺入烤皿中，每擺一層就用掌心按壓緊實，刷上薄薄一層融化的奶油並撒上柳橙糖，鋪好全部的蘋果片。用保鮮膜將烤皿包起，入烤箱烤10小時。出爐後放涼，擺在網架上瀝乾，之後冷藏保存備用。

—

製作橙皮烤布蕾。用冷水浸泡吉利丁20分鐘。將牛奶、糖、蜂蜜和柳橙皮煮沸，浸泡10分鐘後混入瀝乾的吉利丁片。將鮮奶油和蛋黃混合，接著倒入橙皮牛奶。在長方形焗烤盤（約30×20公分）的底部和邊緣鋪上烘焙專用烤盤紙。將蛋奶醬倒入盤中，入烤箱烤1小時，取出放涼後冷凍保存。

—

當天，製作青檸薄脆片。將礦泉水煮沸，讓糖溶解。用火腿切片機將檸檬切成1至2公釐厚的圓形薄片，接著將檸檬薄片浸泡在糖漿裡1小時，將每片檸檬片對半切，擺在烤盤墊上。放入60℃的烤箱，烤約8小時。

—

製作布列塔尼甜酥麵團。在裝有塑膠製麵團攪拌扇的食物料理機碗中，將2種奶油拌勻。加入糖粉、鹽之花、熟的水煮蛋黃、麵粉和馬鈴薯澱粉，材料一形成團狀，就夾在2張保鮮膜中間，壓至5公釐厚度的的甜酥麵皮。冷藏保存3小時。

—

旋風式烤箱預熱至170℃。

...

138 將甜酥麵皮擺在鋪有烘焙專用烤盤紙的烤盤上，入烤箱烤17分鐘。將烤好的甜酥餅裁成9×3公分的長方形，繼續烤5至6分鐘。

—

製作調味生蘋果。不要削皮，將蘋果切成邊長8至10公釐的丁，立刻和柚子汁混合，並撒上胡椒。

—

製作柚香生與熟蘋果。用冷水浸泡吉利丁20分鐘。將柚子汁稍微加熱，放入瀝乾的吉利丁，讓吉利丁溶化。放涼後，將上述柚子汁和調味生蘋果、以及熟的煨蘋果混合。

—

將烤布蕾從冷凍庫中取出，去掉烤盤紙，並將烤布蕾剖半。將柚香生與熟蘋果放在下方的烤布蕾上，然後再蓋上上方的烤布蕾。接著再冷凍2小時。

—

將蘋果夾層的布蕾切成邊長2.5公分的塊狀，然後冷凍保存。

—

製作液狀白巧克力。用鋸齒刀將伊芙兒覆蓋白巧克力切碎，和可可脂一起加熱至融化，溫度不可超過45℃。

—

用牙籤插住每塊尚未解凍的蘋果布蕾塊，浸入巧克力中，用巧克力包覆蘋果布蕾塊。然後倒過來插在保麗龍上待凝固。

—

將蘋果布蕾塊的底部觸碰加熱板（plaque chaude），讓白巧克力的邊緣融化，在每片長方形的布列塔尼甜酥餅上黏上3塊蘋果布蕾。在蘋果布蕾塊之間放上半片青檸片，並在兩端各黏上一片。冷藏保存至品嚐的時刻。

LE TIRAMISU

提拉米蘇

一

Tiramisu字面上的意思為:「將我拉起」。這充滿含意的詞彙背後,有悠遠的歷史背景,這道義大利甜點也製造出許多傳說。其中最古老的,和托斯卡尼大公科西莫三世・梅迪奇(Cosme III de Médicis)有關。1690年代,他在西恩納(Sienne)待了幾天,為了表示敬意,城裡的糕點師決定為他特製一道甜點。他們混合了一些以義大利杏仁香甜酒(amaretto)之類的酒,浸潤的指形蛋糕體(為什麼不?這種蛋糕體自十五世紀以來便已存在)、馬斯卡邦起司(mascarpone)(十三世紀誕生的濃郁起司)混合蛋黃醬(crème aux œufs)組成。公爵喜出望外,將這道特色甜點帶回佛羅倫斯(Florence),從此建立了這道甜點在整個國家的聲譽。

我們找不到一道食譜來證實這個故事。當時確實有道甜點叫做「公爵湯soupe du duc」,但它描述的是從崔芙鬆糕(trifle)延伸而來的英式甜湯(zuppa inglese)。提拉米蘇是夾餡甜點(filled desserts)大家族的一員,其中有以酒精浸潤後、鋪上鮮奶油的蛋糕,但又和它們大不相同。

雖然有軼事述說,文藝復興時期的青樓女子發明了這道甜點,在"激烈運動"前補充能量,歷史學家的考究,卻走向二十世紀的特維茲(Trévise)─貝許耶(Becchiere)餐廳所有人卡洛・坎佩歐(Carlo Campeol)的廚房。坎佩歐對朱塞佩・馬非歐里(Giuseppe Maffioli,他寫了一篇關於特維茲當地飲食的文章)說:沙巴雍(sabayon,以酒精調味的蛋黃醬)的傳統,在威尼斯共和國籠罩勢力下,直至十六世紀的伊利里亞地區(Illyrie,亞德里亞海東岸)存在已久。所謂的沙巴雍(sabayon)是以蛋黃、蜂蜜和賽普勒斯(Chypre)甜酒製成。按慣例也要加入冰涼的打發鮮奶油,並搭配baicoli(一種精緻的威尼斯薄餅)。這道甜點在婚宴的尾聲上菜,若是義大利繼承了這道食譜,也很合乎邏輯。

在二十世紀初期,人們常利用糖和蛋液,再加上些許瑪斯卡邦起司,來製作提神食品。因此在1960年代,當卡洛・坎佩歐的母親掌管家族餐廳時,和當時的主廚一起想到以同樣的概念做出一道甜點,似乎也很自然,這就是tirami sù(pick-me-up)!也許是想增強提神的效果,加入了以濃咖啡浸潤的Savoiardi biscuits餅乾(一種乾燥的義大利手指餅乾)與一些可可粉。但所有偉大的甜點背後,都應該要有動聽的故事,比起卡洛・坎佩歐的故事,大家還是寧願將想像力停留在托斯卡尼的公爵身上。

Tiramisu

提拉米蘇

準備時間
25分鐘（前一天）

烹調時間
約8分鐘

6人份

Le café « expresso »
「濃縮」咖啡
礦泉水 **210克**
咖啡粉 **35克**

La crème de mascarpone
瑪斯卡邦起司醬
礦泉水 **15克**
砂糖 **50克**
蛋白 **65克**
瑪斯卡邦起司（mascarpone）
335克
蛋黃 **40克**
瑪薩拉酒（marsala）**3克**

最後完成
足量的指形蛋糕體
可可粉

前一天，製作「濃縮」咖啡。將礦泉水煮沸，加入咖啡粉，浸泡3分鐘後過濾。

—

製作瑪斯卡邦起司醬。將礦泉水和糖煮沸，然後繼續煮至121℃。在糖漿達115℃時將蛋白打成泡沫狀蛋白霜，但不要太硬，接著緩緩倒入煮好的糖漿，持續攪打直到蛋白霜冷卻。在瑪斯卡邦起司中摻入蛋黃和瑪薩拉酒拌勻，再混入蛋白霜中混合均勻。

—

用「濃縮」咖啡浸潤指形蛋糕體，將指形蛋糕體陸續擺在23×18公分的焗烤盤內，在指形蛋糕體上鋪上第一層瑪斯卡邦起司醬，再放上一層以咖啡浸潤的指形蛋糕體，再蓋上另一層瑪斯卡邦起司醬，將起司醬抹平。將提拉米蘇冷藏保存至隔天。

—

當天，為提拉米蘇撒上可可粉再品嚐。

Extase

狂喜

準備時間
約2時

烹調時間
約1小時15分鐘

冷藏時間
2小時

6至8人份

La pâte sablée au gingembre beurrée
奶油薑香沙布列酥餅麵團
新鮮生薑 **8克**
奶油 **50克**
糖粉 **30克**
杏仁粉 **15克**
薑粉 **5克**
給宏德鹽之花 **1撮**
全蛋 **20克**
麵粉 **85克**

回軟奶油 **100克**

La purée de pamplemousse rose 粉紅葡萄柚泥
粉紅葡萄柚 **½顆**

Le biscuit au gingembre et pamplemousse
葡萄柚薑香蛋糕體
新鮮生薑 **8克**
杏仁粉 **85克**
糖粉 **60克**
麵粉 **40克**
糖漬薑（gingembre confit）
50克
奶油 **70克**
蛋黃 **30克**
全蛋 **20克**
全脂鮮乳 **15克**
蛋白 **45克**
砂糖 **20克**

La compote de pamplemousse rose 糖煮粉紅葡萄柚
吉利丁片 **8克**
粉紅葡萄柚汁 **225克**
砂糖 **50克**
粉紅葡萄柚果泥 **25克**

最後完成
草莓 **500克**

《我創造出這道甜點，是為了想將濃郁滑順與果凍的質感結合起來，因為一般的蛋糕是做不到的。這裡的薑和葡萄柚，是用來襯托出草莓的風味。》

製作甜酥麵團。用microplane刨刀將新鮮生薑刨碎。在裝有塑膠製麵團攪拌扇的食物料理機碗中攪拌奶油，接著依序混入糖粉、杏仁粉、刨碎的生薑和薑粉、鹽之花、蛋，然後是麵粉，成團後包好。冷藏靜置2小時。

—

將旋風烤箱預熱至170℃。

—

在鋪有烘焙專用烤盤紙的烤盤上，用擀麵棍將麵團擀成薄麵皮，入烤箱烤約15分鐘，直到沙布列酥餅呈現金黃色。放涼。

—

旋風式烤箱預熱至150℃。

—

將冷卻的沙布列酥餅弄碎成小塊，接著用電動攪拌機打成粉。將回軟奶油攪拌至完全軟化，混入酥餅粉，立刻在鋪有烘焙專用烤盤紙的烤盤上約1公分厚，入烤箱烤15至20分鐘。將沙布列酥餅完全放涼後，切成邊長1公分的丁。

—

製作葡萄柚泥。將半顆葡萄柚再切半，將葡萄柚塊浸入壓力鍋（Cocotte-Minute）的沸水中，蓋上蓋子以大火煮，定時器調5分鐘。之後讓壓力鍋浸泡冷水5分鐘洩壓。將葡萄柚瀝乾，再用食物料理機打成泥。

…

144 製作葡萄柚薑香蛋糕體。用microplane刨刀將新鮮生薑刨碎。將杏仁粉和糖粉一起過篩，麵粉也過篩。將糖漬薑切成丁，混入麵粉中。用電動攪拌機以槳狀攪拌棒攪打奶油5分鐘，接著加入刨碎的薑、糖粉和杏仁粉，再加入蛋黃、全蛋，接著混入牛奶。取另一個碗以球狀攪拌棒先在蛋白中混入三分之一的砂糖，將蛋白打成呈「鳥嘴」的泡沫狀蛋白霜，接著再逐漸混入剩餘的糖。將打發的蛋白霜混入先前的備料中，同時加入過篩的麵粉和糖漬薑丁。

—

旋風式烤箱預熱至165℃。

—

將葡萄柚薑香蛋糕的麵糊倒入直徑20公分並刷上奶油的慕斯圈中，用抹刀抹平表面。放入烤箱烤25分鐘。出爐放涼後將慕斯圈移去。

—

製作糖煮葡萄柚。用冷水浸泡吉利丁20分鐘，讓吉利丁軟化。加熱三分之一的葡萄柚汁，讓糖融化，再混入瀝乾的吉利丁溶解，接著加入剩餘的果汁和葡萄柚泥拌勻。

—

在直徑20公分的圓形湯盤底部擺上葡萄柚薑香蛋糕，淋上糖煮粉紅葡萄柚，並預留2大匙的糖煮粉紅葡萄柚作為最後完成時使用。將草莓去蒂並切半。在糖煮粉紅葡萄柚上將草莓以直立的方式排成環狀，在草莓上刷預留的糖煮粉紅葡萄柚，接著撒上薑香甜沙布列酥餅丁，立即品嚐。

LE BISCUIT DE SAVOIE

薩瓦蛋糕

—

正如其名清楚標示，薩瓦蛋糕源自—還能是哪？—薩瓦。然而，有些歷史學家對此存疑，聲稱這款蛋糕具有義大利血統，這也並非空穴來風。他們的證據是路易十四的家庭教師，博納豐（Nicolas de Bonnefons），回憶錄的一段話：「和米蘭的薩瓦蛋糕一樣的薩瓦蛋糕」。綜合主流與非主流的歷史意見，薩瓦為發源地的版本浪漫許多，這也是歷史學家瑪格洛娜・圖桑－撒瑪（Maguelonne Toussaint-Samat）相信的版本。畢竟，誰能抗拒一位伯爵靠著蛋糕來追求財富的故事呢？

時間是1358年。阿梅迪奧六世伯爵（Le comte Amédée VI）計畫在封地薩瓦，接待他的國王、盧森堡的查理四世，同時也是德意志帝國的皇帝。公爵同時也期待收到一份重要的贈禮：被冊封為公爵（Duc）。他必須要為這名皇家貴客準備一場合乎體統的歡迎儀式，他忠心耿耿的廚師自然要效犬馬之勞。伯爵的命令就是：「發明一道令皇帝大感驚奇的糕點」。當然得是一塊蛋糕，用蛋、糖、麵粉和奶油來做，但要如何使蛋糕更加輕盈美味呢？廚師將蛋黃和糖一起攪打了比平常更久的時間，使顏色「泛白」，接著加入打發成立體的蛋白。

端在貴客面前的蛋糕，的確使人讚嘆，具有漂亮的金黃色，質地蓬鬆、入口即化。國王又繼續待了三天，但離別時仍未授與伯爵期待已久的爵位。即使如此，薩瓦贏得了一道同名的新甜點！某些歷史學家聲稱，這名才華洋溢的廚師名叫皮耶・德耶訥（Pierre de Yenne），姓氏以布爾歇湖（Bourget）的耶訥市（Yenne）為名。直至今日，這個地方仍以當地廚師製作薩瓦蛋糕的高超技術而聞名。十九世紀時，二名巴黎的糕點師想到用馬鈴薯澱粉來取代麵粉，使蛋糕更加輕盈，也因此垂名青史。

法國的海綿蛋糕為何稱為biscuit，如薩瓦蛋糕的法文名稱biscuit de Savoie？其實，這只是因為「biscuit」一詞的意義經過轉化了。它的含意，本來只是保留給需要經過兩次烘烤的食物，隨著時間過去，單數的biscuit開始表示大型海綿蛋糕、薩瓦蛋糕或熱內亞蛋糕體，他們都是許多糕點的基本材料；複數的biscuits則指一人份的小蛋糕或餅乾。英國人和美國人將薩瓦蛋糕稱為sponge cake，即「海綿蛋糕」，使法國人頗感不解，因為這款蛋糕十分美味，而一般海綿蛋糕的口味並不出色。不過，這樣的稱呼還是多少能夠解釋烘焙後蛋糕體呈現的海綿質感。

Biscuit de Savoie

薩瓦蛋糕

準備時間
15分鐘

烹調時間
約50分鐘

6至8人份

香草莢**3根**
砂糖**250克**
全蛋**350克**
麵粉**90克**
馬鈴薯澱粉**90克**
給宏德鹽之花**1克**

將旋風烤箱預熱至170℃。

—

為薩瓦蛋糕模（或直徑20公分的義式海綿蛋糕模）刷上奶油。撒上馬鈴薯澱粉，接著去掉多餘的粉。

—

將香草莢的籽和糖混合。將蛋白和蛋黃分開。將麵粉和馬鈴薯澱粉一起過篩。攪打香草糖和蛋黃，直到泛白。

—

將蛋白和鹽之花打至硬性發泡的蛋白霜。輕輕混入蛋黃、過篩的麵粉和馬鈴薯澱粉等備料中。

—

將麵糊裝至模型的三分之二。

—

入烤箱烤約50分鐘。將薄刀身插入蛋糕中央，確認熟度：刀子抽出時應保持乾燥。

—

將蛋糕放涼後，在網架上脫模。待冷卻時品嚐。

Biscuit aux truffes noires

黑松露蛋糕

準備時間
45分鐘

烹調時間
約1小時

8人份

Le biscuit aux truffes
松露蛋糕體
黑松露**25克**
砂糖**270克**
麵粉**150克**
回軟奶油**135克**
黑松露油**3克**
蛋白**235克**

Le miroir vanille 香草鏡面
伊芙兒覆蓋白巧克力
（couverture Ivoire Valrhona）
200克
砂糖**45克**
果膠**2克**
（pectine 於有機商店購買）
液狀鮮奶油**80克**
礦泉水**110克**
葡萄糖漿（sirop de glucose）
5克（於藥房購買）

最後完成
黑松露**1顆**

《以艾希克・維尼（Éric Vergne）
（奧丹庫爾Audincourt和貝爾福Belfort
糕點師）的洛林蛋糕（gâteau lorrain）
爲基礎，我幻想出這道具松露風味的蛋糕。
使用了截然不同的表面餡料，
淋上香草鏡面，再以新鮮的黑松露薄片
裝飾。》

將旋風烤箱預熱至170℃。爲直徑16公分的半球形模型刷上奶油並撒上糖，接著去掉多餘的糖。

—

製作蛋糕體。用食物料理機攪碎松露和一半的糖，倒入大碗中並與過篩的麵粉混合。再以電動攪拌機以槳狀攪拌棒攪打奶油和松露油，直到奶油變成非常軟的乳霜狀。取另一個攪拌盆以球狀攪拌棒將蛋白打成泡沫狀，並逐漸混入另一半的糖成爲蛋白霜。將松露、糖和麵粉等混合材料倒入打發的蛋白霜中，並混入乳霜狀的奶油。

—

將麵糊倒入模型中，入烤箱烤約1小時。烤15分鐘後，用木匙卡住烤箱門，讓烤箱門保持微開。爲蛋糕脫模，在網架上放涼。

—

...

Biscuit aux truffes noires

158 製作香草鏡面。用鋸齒刀將覆蓋白巧克力切碎，保存在碗中。混合糖和果膠，連同鮮奶油、礦泉水和葡萄糖一起煮沸。分三次淋在白巧克力上，一邊從中央向外攪拌，以手提式電動攪拌棒攪打至鏡面變得平滑。

　—

淋在冷卻的蛋糕體上。用刨片器將松露切成薄片，均勻地鋪在蛋糕體上。品嚐。

LA CHARLOTTE

—

夏洛特是金黃色的，簇擁著酥脆的裙邊，在中央，多汁柔軟的蘋果內餡躲藏著……這是喬爾・巴洛（Joel Barlow）於1896年在一首題名為："速食布丁Hasty Pudding" 的迷人詩篇中的詩句。在更早的1807年，夏洛特的官方記載，出現在十九世紀初英國最著名的烹飪書之一，即瑪莉亞・蘭鐸（Maria Rundell）的《居家烹飪新法 A New System of Domestic Cookery》。

這道甜點的名稱，是為了向夏洛特皇后致敬，她是英國喬治三世的妻子。皇后對這款糕點的喜愛無庸置疑，但她也帶動了一種大型蕾絲花邊帽的流行，因此我們也可推斷，這個名稱維妙維肖的出自於此。另一個有趣的理論是，夏洛特和一種非常古老的猶太傳統麵包schaleth非常接近，這是一種很受歡迎的甜點麵包，在德國西部與阿爾薩斯，會在安息日（jour du shabbat）那天享用。如果用英語來發音，schaleth和charlotte這兩個字其實很像。

麵包，的確是最早期夏洛特的基本材料，對當時的人們來說算是甜點，以烤箱烘烤並趁熱搭配水果果醬或果凍品嚐。大仲馬在他的《大仲馬經典美食大辭典Grand Dictionnaire de cuisine》中詳述一道蘋果夏洛特的經典食譜。他推薦的做法是：在鍋子底部鋪上浸過融化奶油的麵包片，再鋪上蘋果汁或連同蘋果果肉製成的果醬，再覆蓋上塗了奶油的麵包片，最後把鍋子放到炭火上或烤箱裡烘烤。

在法國，這道食譜變得更精緻，因為麵包被指形蛋糕體（biscuits cuillère）所取代。卡漢姆（Antonin Carême）是這項改變的主要推手。這位「甜點之王roi des cuisiniers」將原本的夏洛特轉變成冰涼的蛋糕，並將它命名為「巴黎風」夏洛特（the charlotte a la parisienne），以便和舊版的英國姐姐區別。後來當他跟隨沙皇亞歷山大一世時，沙皇重新命名為「俄國風」夏洛特（charlotte a la russe）。這時食譜裡已沒有麵包了，加以取代的是以糖漿浸潤的指形蛋糕體、巴伐利亞奶油醬（crème bavaroise），和變化無窮的多種風味。隨著他的靈感驅使，冰涼的夏洛特蛋糕成了不同口味的完美載體，如草莓、覆盆子、櫻桃、咖啡、巧克力、馬卡龍、杏仁等。

Charlotte au chocolat

巧克力夏洛特

準備時間
45分鐘（前一天）
+15分鐘（當天）

烹調時間
約20分鐘

8人份

**Les noisettes caramélisées
焦糖榛果**
皮埃蒙榛果（noisettes du
Piémont）**200克**
礦泉水**40克**
砂糖**125克**
大溪地香草莢**¼根**

**Les biscuits cuillère au
chocolat 巧克力指形蛋糕體**
麵粉**20克**
玉米澱粉**20克**
可可粉**12克**
黑巧克力（chocolat noir）**90克**
奶油**30克**

蛋白**120克**
砂糖**40克**
蛋黃**65克**

糖粉

Le sirop au cacao 可可糖漿
礦泉水**100克**
砂糖**50克**
可可粉**15克**

**La mousse au chocolat
巧克力慕斯**
不甜的黑巧克力**300克**
蛋黃**100克**
全蛋**100克**
礦泉水**60克**
砂糖**140克**
液狀鮮奶油**500克**

**La sauce au chocolat
巧克力醬**
可可脂含量70%的Guanaja瓜
納拉黑巧克力（Valrhona）**25克**
礦泉水**50克**
砂糖**15克**
高脂鮮奶油**25克**

**Le nappage au chocolat
巧克力鏡面**
液狀鮮奶油**80克**
可可脂含量70%的Guanaja瓜
納拉黑巧克力（Valrhona）**100克**
奶油**20克**
巧克力醬**100克**

最後完成
黑巧克力磚**1片**

前一天，製作焦糖榛果。旋風式烤箱預熱至160℃。
—
用烤箱烤榛果12至15分鐘，接著在濾器中揉搓去皮。將礦泉水、糖、剖開取籽的香草莢煮沸。煮至118℃。淋在仍溫熱的榛果上，拌勻。再倒進平底深鍋中，開中火，攪拌至糖煮至焦糖狀。在塗了油的烤盤上放涼。再取80克的焦糖榛果磨碎，剩餘的保存起來。
—
製作指形蛋糕體。將麵粉、玉米澱粉和可可粉過篩。用鋸齒刀將巧克力切碎，和奶油一起隔水加熱至融化後備用。將蛋白以電動攪拌器打發，一邊混入砂糖一邊打至硬性發泡的蛋白霜，再混入蛋黃。取一部分和融化的巧克力先混合，再混入剩餘的部分，接著加入過篩的粉類材料。
—
旋風式烤箱預熱至210℃。
—

為2個烤盤鋪上烘焙專用烤盤紙。將指形蛋糕麵糊倒入裝有10號平口擠花嘴的擠花袋中。擠出2個螺旋狀圓餅，1個直徑14公分，另一個18公分。用剩餘的指形蛋糕體麵糊擠出長8公分的的長條狀。為所有擠出的麵糊撒上過篩的糖粉，待5分鐘後，再撒上一次糖粉。入烤箱烤4至6分鐘。
—
製作可可糖漿。將礦泉水和混入可可粉的糖煮沸，一邊攪拌所有材料至均勻。
—
製作巧克力慕斯。將切碎的巧克力隔水加熱至融化。在電動攪拌機的碗中攪打蛋黃和蛋至打發。將礦泉水和糖在深鍋中煮沸，煮至118℃，把煮沸的糖漿倒入蛋糊中，不停攪打至冷卻。取另一個電動攪拌機的碗將液狀鮮奶油打發，分二次和融化的巧克力混合，接著再混入打發的蛋糊中。
—

將一半的巧克力慕斯倒入直徑18公分且鋪有保鮮膜的夏洛特模中。以可可糖漿浸潤直徑14公分的指形蛋糕體圓餅，擺在慕斯上，撒上磨碎的焦糖榛果。倒入另一半的慕斯。最後擺上直徑18公分浸潤了可可糖漿的指形蛋糕體圓餅。冷藏保存至隔天。
—
當天，製作巧克力醬。將切碎的巧克力、礦泉水、糖和鮮奶油煮沸，一邊攪拌。
—
製作巧克力鏡面。將鮮奶油煮沸，倒入切碎的巧克力中，放涼至60℃，接著和奶油、巧克力醬混合均勻。
—
將夏洛特倒扣在下墊盤子的網架上，並取下保鮮膜。為整個蛋糕淋上巧克力鏡面。在周圍黏上指形蛋糕體。將巧克力磚稍微回溫，待5分鐘後，在紙張上用水果刨刀將巧克力磚削成刨花。將巧克力刨花撒在夏洛特表面。

Charlotte à l'huile d'olive et aux fruits rouges

紅果橄欖油夏洛特

準備時間 30分鐘	*6至8人份*	**La compote de fruits rouges** 糖煮紅莓果	**La crème de mascarpone à l'huile d'olive** 橄欖油瑪斯卡邦起司醬	**最後完成** 草莓果醬 紅莓果
烹調時間 約16分鐘	**Les biscuits cuillère** 指形蛋糕體 蛋黃 **120克** 砂糖 **85克** 蛋白 **90克** 麵粉 **55克**	吉利丁片 **4克** 草莓 **250克** 醋栗 **50克** 砂糖 **50克** 覆盆子 **100克** 藍莓 **50克** 桑葚 **50克**	吉利丁片 **6克** 液狀鮮奶油 **75克** 砂糖 **90克** 香草莢 **2½根** 帶果味的綠橄欖油 **26克** 瑪斯卡邦起司 **375克**	
浸泡時間 20分鐘				
冷凍時間 2小時	糖粉			
冷藏時間 2小時				

《 在義大利度假時，我很開心有機會
品嚐了橄欖油製作的蛋糕，
於是發現橄欖油常常可以用來取代
糕點上所使用的奶油。》

製作指形蛋糕體。攪打蛋白和50克的砂糖5分鐘，將蛋白打至硬性發泡的蛋白霜，一邊混入剩餘的砂糖，再混入蛋黃，並和過篩的麵粉混合，將所有材料以輕輕舀起的方式拌勻。

—

旋風式烤箱預熱至210℃。

—

為2個烤盤鋪上烘焙專用烤盤紙。將麵糊倒入裝有10號平口擠花嘴的擠花袋中，擠出2個直徑22公分的螺旋狀圓餅。用剩餘的指形蛋糕體麵糊擠出長10公分的的長條狀。為所有擠出的麵糊撒上過篩的糖粉，待5分鐘後，再撒上一次糖粉。

—

先後將2個烤盤放入烤箱，烤4至6分鐘。出爐後，讓蛋糕體放涼，再倒扣在烤盤紙上，並將烘焙用烤盤紙剝離。

—

製作糖煮紅莓果。用冷水浸泡吉利丁20分鐘，讓吉利丁軟化。將草莓去蒂，切成4塊。將醋栗一顆顆摘下。將草莓和糖倒入平底深鍋中，煮4分鐘，接著混入所有其他的紅莓果。離火。

—

將瀝乾並擰乾的吉利丁放入熱的糖煮紅莓果中，溶化拌勻。為直徑18公分的模形在底部和邊緣鋪上保鮮膜，接著倒入糖煮紅莓果。冷藏，讓糖煮紅莓果凝固成凍。

—

製作橄欖油瑪斯卡邦起司醬。用冷水浸泡吉利丁20分鐘。將鮮奶油、糖、剖半刮出籽的香草莢煮沸。離火，加蓋並浸泡20分鐘。

—

...

164 將香草莢從鮮奶油中取出。將瀝乾並擰乾的吉利丁放入鮮奶油中，讓吉利丁溶化。將鮮奶油移至電動攪拌機中，緩緩倒入橄欖油，一邊攪打至打發，分三次加入瑪斯卡邦起司，並立即使用。

—

為直徑22公分、高5公分的慕斯圈底部和邊緣鋪上保鮮膜，將慕斯圈擺在烤盤上。在底部鋪上一塊指形蛋糕體圓餅。將三分之一的橄欖油瑪斯卡邦起司醬倒入慕斯圈中，放上脫模的糖煮紅莓果，再鋪上三分之一的橄欖油瑪斯卡邦起司醬。蓋上第二塊指形蛋糕體圓餅，並在表面鋪上剩餘三分之一的橄欖油瑪斯卡邦起司醬，抹平。冷凍保存至少2小時。

—

移去慕斯圈上的保鮮膜，將夏洛特擺在餐盤中，冷藏2小時。將指形蛋糕體橫向切半，排在夏洛特周圍，切口朝下。在表面刷上草莓果醬，並以紅莓果裝飾。

LE CROISSANT 可頌

—

我們允許自己在禮拜天早上，以毫不內疚的心情來品嚐的這些金黃酥脆可頌，其實並不如你想像的那麼具有法國味。這種糕點在法文裡叫 viennoiserie，的確發源自十七世紀的維也納。

1683 年，奧地利首都的居民受到鄂圖曼帝國大臣卡拉·穆斯塔法（Kara Mustafa）所屬軍隊的攻擊。經過數個月艱辛的圍城後，這些居民終於由洛林的查理五世（Charles V）和波蘭國王尚·索別斯基（Jean Sobieski）所釋放。這場勝利，使得哈布斯堡王朝（Habsbourg）得以收復他們在匈牙利–克羅埃西亞（Hongrie-Croatie）的土地。當地的麵包師製作出一種新月形（鄂圖曼帝國的象徵）的糕點，以茲紀念。民間傳說甚至賦予麵包師扭轉局勢的關鍵角色：漏夜進行烘焙工作時，他們聽見了土耳其士兵準備再次攻擊的聲響，於是發出了警告。當時的可頌，其實和今日的版本並不相同，比較類似皮力歐許。

一個世紀後，據說是瑪麗·安東尼（Marie-Antoinette）將這道美味，從她的故鄉引進法國宮廷。然而，布希亞·薩瓦蘭（Brillat Savarin）的傳記作者吉爾斯·麥克多諾（Giles MacDonogh），提出一種更符合可頌出現在法國的時間點（約在 1900 年）的說法。他說在 1838 年，有一位名叫奧古斯特·贊（Auguste Zang）的奧地利人來到巴黎，在黎塞留街（rue de Richelieu）92 號開了一間維也納麵包店，就在布希亞·薩瓦蘭店舖的隔壁幾間。他解釋說：「生意一開始成長得很緩慢」，「但後來他的 kipferl 開始大為暢銷，可頌就此誕生。該店所有的可頌，都從嶄新的蒸汽烤箱中出爐，上方刻著：「未經人類雙手觸摸過」。在那個年代，機器化程序才能帶來信賴。

今天，未經人力介入的可頌反而靠不住。麵團要輕輕搓揉，接著就是漫長的等待。麵團膨脹後，和處理過的奶油混合，再加以折疊、旋轉，接著又要重新等待。這整個過程要再重複一次，而且急不得。麵團再度和處理過的奶油混合，壓扁後再加以折疊、翻面，再度等待膨脹。這其中的技術已經越來越少人會了，主要的挑戰是，做出來的可頌要符合我們對傳說的期待，黃金色的層層麵皮要柔軟滑順、入口即化。

Croissant

可頌

準備時間
45分鐘

烹調時間
20分鐘

靜置、冷藏和冷凍時間
約7小時30分鐘

24個可頌

La pâte des croissants
可頌麵團
新鮮酵母 **12克**
全脂鮮乳 **100克**
低筋麵粉（farine type 45）**500克**
給宏德鹽之花 **12克**
砂糖 **75克**
極軟的奶油 **35克**
冰冷的奶油 **325克**
全脂奶粉 **15克**
礦泉水 **145克**

La dorure 蛋黃漿
蛋黃 **1個**
全蛋 **2顆**
細鹽 **1撮**

製作麵團。用20℃的牛奶來調和新鮮酵母。將麵粉過篩，接著混入鹽之花、糖、極軟的奶油、奶粉、三分之二20℃的礦泉水，以及牛奶拌和的酵母，快速拌和所有材料。若麵團不夠軟，再加入剩餘的水。蓋上保鮮膜，在室溫下（理想溫度為22℃）發酵1小時至1小時30分鐘，直到麵團的體積膨脹為二倍。

—

用拳頭將麵團內的空氣排出，讓麵團回復到原來的體積。蓋上保鮮膜，冷藏保存1小時。再度用拳頭將麵團內的空氣排出，冷凍30分鐘。

—

將麵團從冷凍庫中取出。將冰冷的奶油敲打至稍微軟化。在撒有麵粉的工作檯上將麵團縱向擀開，長方形麵團的長邊應為寬邊的3倍以上。將一半的奶油擺在麵團下緣，用掌心將奶油向上攤開，但只要延展至長方形麵皮的三分之二處即可。將塗有奶油的下緣三分之一朝另外的三分之一處折起，接著再將上緣的三分之一向下疊在表面。將折好的麵團冷凍保存30分鐘，接著冷藏1小時。

—

與之前的步驟相同，將麵皮擀開，並以同樣的方式鋪上另一半的奶油並折疊。再冷凍保存30分鐘，接著冷藏1小時。

—

在撒有麵粉的工作檯上，將麵團擀成3公釐的厚度。用尖銳的刀子將麵皮裁成高20公分、底邊12公分的等腰三角形。拿起每張三角形麵皮，底邊擺在朝向自己的方向。將麵皮捲起，接著將末端捲成新月形。將可頌陸續擺在鋪有烘焙專用烤盤紙的烤盤上，每個間隔5公分地擺放。在室溫下進行最後發酵約1小時30分鐘。

—

旋風式烤箱預熱至210℃。

—

製作蛋黃漿。在碗中用刷子攪拌蛋黃、蛋和鹽。刷在完成最後發酵的可頌上。放入烤箱，並立即將溫度調低至180℃，烤20分鐘。出爐後，讓可頌在在網架上稍微放涼。在冷卻時品嚐。

Croissant Ispahan

伊斯巴翁可頌

《我的伊斯巴翁可頌，是以法國隨處可見的
杏仁可頌為起點，但為了加強風味，
填入了玫瑰杏仁霜夾心與糖煮覆盆子荔枝。
這裡的主要風味，是細緻內斂的玫瑰香氣，
以及覆盆子微酸的果香。》

準備時間
45分鐘

烹調時間
約25分鐘

靜置和冷藏時間
約7小時30分鐘

24個可頌

La pâte des croissants
可頌麵團
新鮮酵母 **12克**
全脂鮮乳 **100克**
低筋麵粉（farine type 45）**500克**
給宏德鹽之花 **12克**
砂糖 **75克**

極軟的奶油 **35克**
冰冷的奶油 **325克**
全脂奶粉 **15克**
礦泉水 **145克**

La pâte d'amande à la rose
玫瑰杏仁膏
杏仁含量50%的原味杏仁膏
200克
玫瑰香萃（extrait alcoolique de rose）**12滴**

製作麵團。用20℃的牛奶來調和新鮮酵母。將麵粉過篩，接著混入鹽之花、糖、極軟的奶油、奶粉、三分之二20℃的礦泉水，以及牛奶拌和的酵母，快速拌和所有材料。若麵團不夠軟，再加入剩餘的水。蓋上保鮮膜，在室溫下（理想溫度為22℃）發酵1小時至1小時30分鐘，直到麵團的體積膨脹為二倍。

—

製作玫瑰杏仁膏。用手掌搓揉軟化的杏仁膏和玫瑰香萃。將杏仁膏夾在2張透明塑膠片（feuille de Rhodoid）之間，壓至2公釐的厚度，再裁成高12公分、底邊7公分的等腰三角形。

—

製作糖煮覆盆子和荔枝。將荔枝瀝乾並擦乾，切成小塊。用食物料理機攪打覆盆子，將糖、礦泉水、覆盆子泥與結蘭膠混合後煮至85℃，倒入盤中，立刻撒上切成小塊的荔枝，蓋上保鮮膜，讓糖煮覆盆子和荔枝凝結成塊。再切成長7公分、寬1.5公分的條狀，接著冷藏保存。

—

用拳頭將麵團內的空氣排出，讓麵團回復到原來的體積。蓋上保鮮膜，冷藏保存1小時。再度用拳頭將麵團內的空氣排出，冷凍30分鐘。

—

La compote de framboises et de litchis 糖煮覆盆子和荔枝
荔枝 **40克**
覆盆子 **200克**
砂糖 **30克**
結蘭膠（gellan）**4克**
（於網路上購買）
礦泉水 **40克**

La dorure 蛋黃漿
蛋黃 **1個**
全蛋 **2顆**
細鹽 **1撮**

Le glaçage à l'eau 糖霜鏡面
礦泉水 **25克**
糖粉 **125克**
紅色食用色素

將麵團從冷凍庫中取出。將冰冷的奶油敲打至稍微軟化。在撒有麵粉的工作檯上將麵團縱向擀開，長方形麵團的長邊應為寬邊的3倍以上。將一半的奶油擺在麵團下緣，用掌心將奶油向上攤開，但只要延展至長方形麵皮的三分之二處即可。將塗有奶油的下緣三分之一朝另外的三分之一處折起，接著再將上緣的三分之一向下疊在表面。將折好的麵團冷凍保存30分鐘，接著冷藏1小時。

—

與之前的步驟相同，將麵皮擀開，並以同樣的方式鋪上另一半的奶油並折疊。再冷凍保存30分鐘，接著冷藏1小時。

—

在撒有麵粉的工作檯上，將麵皮擀成3公釐的厚度。用尖銳的刀子將麵皮裁成高20公分、底邊12公分的等腰三角形。拿起每張三角形麵皮，底邊擺在朝向自己的方向。在每張三角形麵皮上擺上1片玫瑰杏仁膏和1條糖煮覆盆子和荔枝。將麵皮捲起，接著將末端捲成新月形。將可頌陸續擺在鋪有烘焙專用烤盤紙的烤盤上，每個間隔5公分地擺放。在室溫下進行最後發酵約1小時30分鐘。

—

旋風式烤箱預熱至210℃。

—

製作蛋黃漿。在碗中用刷子攪拌蛋黃、蛋和鹽。刷在完成最後發酵的可頌上。放入烤箱，並立即將溫度調低至180℃，烤20分鐘。出爐後，讓可頌在網架上稍微放涼。

—

製作糖霜鏡面。將礦泉水和糖粉、幾滴紅色食用色素混合。用刷子沾取糖霜鏡面，微微地刷在冷卻的可頌上。待糖霜凝固後品嚐。

LE CRUMBLE

奶油酥頂

奶油酥頂是英國特產，大多數的人都認為是近代的發明。背景是第二次世界大戰時，倫敦受到德國轟炸。男人離家到前線作戰，為了使社會仍能正常運作，女人被迫取代男人的角色，她們照顧傷患、在工廠裡製造炮彈、駕駛電車。沒有人有時間烤蛋糕，或讓派點麵團休息靜置，更不用說雞蛋也受到配給限制。為了節省時間、不犧牲微小的生活樂趣，女人用麵粉、糖和人造奶油（margarine）製成粗糙的麵粒。想吃一道成功的甜點時，只要在鍋子底部擺上一些水果，再撒上做好的麵粒，烘烤半小時就成了。

儘管如此，進一步的研究顯示，奶油酥頂和烤蘋果脆（apple crisp）有驚人的相似之處。後者出現在伊莎貝爾・伊利・羅德（Isabel Ely Lord）於1924年出版的《大家的料理書：居家烹飪綜合手冊Everybody's Cook Book: A Comprehensive Manual of Home Cookery》。烤蘋果脆（英文的apple crisp或法文的croquant aux pommes）的基本原理和奶油酥頂完全相同，只是多了大量的生燕麥。詞源學正好可用來調合這兩種假設，酥脆的crisp在抵達英國，很可能當時換了名稱。為了適應當時的環境，它在第二次世界大戰期間就變成了crumble，因為這一詞的意思就是「分崩離析」、「破碎」、「支離破碎」等，就像1940年倫敦人看到房舍因轟炸崩塌的情形。

如果我們相信瑪格羅娜・杜桑—沙馬（Maguelonne Toussaint-Samat）的說法，這個「英格蘭生活方式」的象徵，可能是一道非常古老的甜點。像崔芙鬆糕（trifle）或法式吐司（le pain perdu）一樣，它一開始可能只是為了能善用吃不完的麵包，捏碎後撒在水果上（尤其是英格蘭盛產的蘋果）。隨著時間過去，麵包成了麵粒：麵粉、奶油和糖，在冰涼時搓揉在一起，就成了新版本的甜酥麵團（pâte sablée），一種分離、解構，幾乎可說是立體派（cubist）的版本：一言以蔽之，就是現代風格！

Crumble aux pommes

蘋果奶油酥頂

準備時間
20分鐘

烹調時間
30分鐘

冷藏時間
30分鐘

6人份

Le crumble 奶油酥頂
麵粉**50克**
杏仁粉**50克**
砂糖**50克**
錫蘭肉桂粉**1克**
給宏德鹽之花**1克**
奶油**50克**

La garniture 內餡
蘋果（boskoop 或 calville blanc
品種）**1.2公斤**
奶油**50克**
砂糖**50克**
錫蘭肉桂粉**1克**

最後完成
高脂鮮奶油

製作奶油酥頂。在大碗中混合麵粉和杏仁粉、糖、肉桂和鹽之花。將奶油切成5公釐的小丁狀加入碗中。

—

以手指尖快速搓揉至形成小麵粒。冷藏保存30分鐘。

—

旋風式烤箱預熱至180℃。

—

製作內餡。將蘋果削皮並去芯，切丁。平底鍋中融化奶油，加入蘋果丁炒5分鐘，並撒上混入肉桂粉的糖。

—

將炒好的蘋果丁倒入焗烤盤中，撒上奶油酥頂，入烤箱烤25分鐘。在微溫時搭配1小杯的高脂鮮奶油享用。

Streusel de mirabelles à la rose, vanille et clou de girofle

玫瑰、香草和丁香的黃香李搭奶油酥頂

準備時間
35分鐘

烹調時間
15分鐘

冷藏時間
1小時

8個奶油酥頂

Le crumble vanille et clou de girofle 香草丁香奶油酥頂
麵粉 **50克**
杏仁粉 **50克**
砂糖 **50克**
丁香粉（clou de girofle en poudre）**1刀尖**
香草莢 **2根**
奶油 **50克**

La crème légère au cream cheese à la rose
玫瑰鮮奶油起司醬
液狀鮮奶油 **240克**
蛋黃 **40克**
砂糖 **60克**
奶油起司（Philadelphia 或 Gervais 或 Saint-Moret 的新鮮方塊起司）**200克**
糖粉 **1大匙**
玫瑰糖漿 **1大匙**
玫瑰香萃 **1小匙**

Les mirabelles à la vanille
香草黃香李
奶油 **40克**
去核黃香李（mirabelles dénoyautées）**800克**
砂糖 **20克**
檸檬汁 **30克**
香草莢 **3根**
檸檬皮 **¼顆**（未經加工處理）
罐裝砂勞越黑胡椒研磨 **4圈**

最後完成
未經加工處理的白玫瑰花瓣
金箔 **1片**

《黃香李屬於夏季最後一批吸飽陽光和糖分，並充滿蜂蜜氣味的水果。我想將它們和同樣芳香的玫瑰奶油醬，以及具有香草和丁香等細緻氣味的酥脆麵團相結合。》

製作奶油酥頂。混合麵粉、杏仁粉、糖、丁香和剖半的香草莢中的籽。將奶油切成5公釐的小丁狀加入碗中。以手指尖快速搓揉至形成小麵粒。冷藏保存1小時。

—

製作玫瑰鮮奶油起司醬。將液狀鮮奶油攪打至完全打發的鮮奶油，接著冷藏保存。

—

將沙拉攪拌盆或電動攪拌機的碗放入隔水加熱鍋中。混合蛋黃和砂糖，不停攪拌至溫度達85℃，接著持續攪打至完全冷卻。

—

混合奶油起司、糖粉、糖漿和玫瑰香萃、打至冷卻的蛋黃和砂糖，最後再加入打發的鮮奶油。倒入未裝擠花嘴的擠花袋中，冷藏保存。

—

旋風式烤箱預熱至170℃。

—

製作香草黃香李。在平底鍋中加熱融化奶油，加入黃香李、糖、檸檬汁、剖半香草莢的香草籽和檸檬皮，撒上胡椒拌炒3分鐘，放至完全冷卻。

—

將奶油酥頂鋪在放有烘焙專用烤盤紙的烤盤上，入烤箱烤15分鐘。

—

將炒好冷卻的黃香李分裝至8個玻璃杯中，舀上玫瑰鮮奶油起司醬，接著撒上香草丁香奶油酥頂。用玫瑰花瓣和一點金箔裝飾。

LE FINANCIER

費南雪

一道糕點受歡迎的程度，可從其背後流傳的軼事多寡來判斷，費南雪就是一個好例子。它的歷史始於中古世紀的洛林（Lorraine），當地的修女因蛋白質不足，便想到以蛋白、奶油、麵粉和糖做成的糕餅來取代肉類。南錫聖母往見（Visitation）修道院的修女，在這些美味的橢圓形小點中加入了杏仁粉，使其更臻完美。

這就是修女蛋糕（visitandine）誕生的經過，之後隨著美食之風，散布至全歐洲，在獅心王理查一世（Richard Cœur de Lion）統治下的英格蘭，以及西班牙費南多二世（Ferdinand d'Aragon）的宮廷裡，都可找到它們的足跡。接著來臨的是文藝復興時期，人文藝術興盛，下毒的藝術也不弱。其中最著名的便是瑪麗·梅迪奇（Marie de Médicis），她以氰化物裝飾的蛋糕，令人聞之色變。氰化物有一股令人愉悅的杏仁味，就和修女蛋糕一樣。

因此，修女蛋糕在接下來的三百年都乏人問津。到了1800年代，社會的步調加快，越來越多人有長途旅行的經驗，可隨身攜帶的零食受到歡迎，美味的修女蛋糕在形狀和用途上，逐漸產生變化，成為費南雪，這中間的故事也產生了三個相似的版本。第一個故事是說，費南雪的發明，是為了方便生意人在旅行時，將食物塞入行李中。第二個較普遍的故事，則和拉斯納（Lasne）這個人有關，他在金融區（quartier de la Bourse）附近開了一家甜點屋。他將修女蛋糕轉變為一種質地較乾爽的糕點，使這些證券經紀人和其他投機客在看盤、邊忙著成交邊享用零食時，手指也不會老是油膩膩的。拉斯納的創意—我們今日稱之為「行銷」—改變了這個餅乾的形狀，以金條形重現，並重新命名為「費南雪financier」（在法語中有金融家的意思），在這道甜點的演化過程中，這是最為人熟知的版本。但還有第三個來自瑞士的版本，和產業間諜的活動有關。我們瑞士的朋友說，他們模仿了拉斯納改良的修女蛋糕後，為它冠上費南雪這個新名字。

即使這項甜點的起源仍有爭議，這並不妨礙小修女蛋糕以嶄新的名稱征服世界。現在研發出的多種口味（從檸檬到綠茶）、融入各種水果，以及半球狀的新外觀，都證明了費南雪不可動搖的重要地位。

Financier

費南雪

準備時間
20分鐘

烹調時間
約30分鐘

約12個費南雪

奶油**115**克
榛果粉**20**克
糖粉**150**克
麵粉**50**克

泡打粉**2**克
杏仁粉**60**克
蛋白**140**克

以小火將奶油加熱至融化，並在奶油變為榛果色時離火。
過濾並放涼。

—

旋風式烤箱預熱至160℃。

—

為烤盤均勻地撒上榛果粉。入烤箱，勿烤超過12分鐘。

—

將烤箱溫度調高至220℃。

—

將糖粉、麵粉和泡打粉過篩。依序混合過篩的材料、杏仁
粉和榛果粉。再混入蛋白和榛果色的奶油，拌勻。

—

一旦形成均勻的麵糊，就分裝至模型中，填至距離邊緣幾
公釐處。擺在烤盤上。

—

將烤盤放入烤箱，烤6至8分鐘。讓費南雪在模型內靜置
3分鐘後再脫模，並置於網架上放涼。

—

冷卻後搭配茶或咖啡品嚐。

Financier aux abricots et main de Bouddha

杏桃佛手柑費南雪

準備時間	6人份	La garniture d'abricots	Le caramel pour mousse	La crème de mascarpone au caramel 焦糖瑪斯卡邦起司醬
1小時		杏桃內餡	慕斯用焦糖	

準備時間
1小時

烹調時間
約50分鐘

冷藏時間
4小時

6人份

La pâte 麵糊
奶油 **115克**
榛果粉 **20克**
糖粉 **150克**
麵粉 **50克**
杏仁粉 **60克**
佛手柑 (main de Bouddha)
(或青檸) 果皮 **1小匙**
蛋白 **140克**

La garniture d'abricots
杏桃內餡
軟的杏桃 **600克**
杏仁角 **100克**
蔗糖糖漿 (sirop de sucre de canne) **5克**
砂糖 **20克**

Le caramel pour mousse
慕斯用焦糖
液狀鮮奶油 **135克**
葡萄糖漿 **50克**
(於藥房購買)
砂糖 **85克**
奶油 **15克**

La crème de mascarpone au caramel 焦糖瑪斯卡邦起司醬
吉利丁片 **2克**
液狀鮮奶油 **140克**
慕斯用焦糖 **150克**
蛋黃 **40克**
瑪斯卡邦起司 **280克**

《我想到以費南雪麵糊來製作蛋糕，
並加入佛手柑使其更為獨特，
它帶有濃郁的香氣，
和檸檬是近親，風味獨樹一幟。》

以小火將奶油加熱至融化，並在奶油變為榛果色時離火。過濾並放涼。

—

旋風式烤箱預熱至160℃。

—

為烤盤均勻地撒上榛果粉。入烤箱，勿烤超過12分鐘。

—

將烤箱溫度調高至170℃。為直徑24公分的慕斯圈刷上奶油。

—

依序混合糖粉和過篩的麵粉、杏仁粉和榛果粉，以及佛手柑果皮。混入蛋白和榛果色的奶油，拌勻。慕斯圈放在鋪有烘焙專用烤盤紙的烤盤上，將均勻的麵糊倒入慕斯圈中。

—

製作內餡。清洗杏桃並擦乾，將杏桃切半並去核。混合杏仁角、糖漿和糖。

—

將杏桃擺入裝有麵糊的慕斯圈中，並繞著圓排成花狀。撒上糖漿杏仁角混合料等。入烤箱烤約40分鐘。讓蛋糕在慕斯圈中稍微放涼後再脫模。

—

製作慕斯用焦糖。將鮮奶油煮沸，接著離火。將葡萄糖和糖煮成焦糖，煮至形成漂亮的琥珀色，離火，加入奶油，接著拌勻。再將煮沸的鮮奶油倒入混合，將慕斯用焦糖再煮至103℃，接著放涼。

—

製作焦糖瑪斯卡邦起司醬。用冷水浸泡吉利丁20分鐘。以平底深鍋將鮮奶油煮沸，倒入混合了蛋黃的慕斯用焦糖中，一邊攪拌。再全部倒回平底深鍋中，加熱至85℃。加入擰乾的吉利丁，用手持式電動攪拌棒攪打。放涼，冷藏凝固4小時。

—

攪打瑪斯卡邦起司至軟滑，緩緩加入冷卻的焦糖奶油醬，以最高速攪打1分鐘，接著倒入裝有12號平口擠花嘴的擠花袋內。

—

在烤好冷卻的杏桃費南雪上擠出球形的焦糖瑪斯卡邦起司醬。依個人喜好以凝固的焦糖碎片 (分量外) 裝飾。品嚐。

LE GÂTEAU AU CHOCOLAT

巧克力蛋糕

—

巧克力在使用來製作成美味的甜點前，本是眾神的飲品。至少，十六世紀時阿茲提克人這麼認為，並以巧克力為中心產生了宗教儀式。可可樹被視為聖樹，其「果實」壓碎後和熱水及香料混合，便能製成美味、滋養、催情的飲料。他們的羽蛇神（Quetzalcóatl）據說就是這神奇之樹的守衛。當征服者科爾特斯（conquistador Cortès）隨著西班牙的軍隊，在1519年登陸墨西哥，他發現了可可的故事，更造成了最慘烈的殖民欺壓史。阿茲提克的君王蒙特祖馬（Moctezuma）以為，他們的神以陌生人的身分帶著聲勢浩大的隨從而來，於是率領族人歡迎科爾特斯並舉行宴會，奉上著名的tchocoatl（即後來的巧克力），可惜如此的禮遇，阻止不了後來發生的大屠殺。8年後，科爾特斯帶著美妙的巧克力離開，很快地成為全歐洲不可或缺的食材。

然而，還要等到十八世紀下半葉以及工業化的開始，巧克力蛋糕誕生的條件才算齊備。在路易十三（Louis XIII）與路易十四的統治下，巧克力還只是一種加了香料的飲料，有時被認為具有某些藥效。但製作過程需要將咖啡豆磨碎，非常耗時費力。1778年起，隨著第一部水動磨豆機的發明，其他相關的新設備持續推陳出新，於是十九世紀最基本的甜點食材之一終於正式登台。1820年，瑞士人方索瓦–路易·卡葉（Francois-Louis Cailler）發明了世界上第一塊硬質巧克力（tablette de chocolat）。1826年，他的同鄉菲利普·蘇查德（Philippe Suchard）構思出一種磨膏機，可用來混合糖和可可。接著則輪到荷蘭人卡斯帕魯斯·范·荷登（Casparus Van Houten），他有了另一項重大的發現：壓榨可可塊以萃取出可可脂（beurre de cacao一種天然脂肪，大量食用時不易消化）的同時，會產生一種可加工成粉狀的可可餅，這裡的可可粉，也就是大多數巧克力的基本原料。另一個瑞士人亨利·雀巢（Henri Nestlé）則發明了牛奶巧克力。終於，魯道夫·蓮（Rudolf Lindt）在1879年發現了巧克力混合（conchage）的程序，將可可粉與利用范·荷登的方法萃取出的可可脂混合在一起，這使硬質巧克力塊的質感從砂礫狀轉變成滑順。

十九世紀，糕點師開始謹慎地利用這些發明。第一個巧克力蛋糕食譜，出現在梅儂（Menon）的《資產階級飲食La Cuisinière bourgeoise》（1774年）中。這是一種指形蛋糕體（biscuit cuillère），用蛋、壓得很細的巧克力（巧克力粉當時還不存在）和麵粉製成。接著除了巧克力夾心糖果的食譜外，就是一片空白，直到1832年，維也納著名的薩赫蛋糕（Sachertorte）終於誕生（見第260頁）。在專業的覆蓋巧克力翻糖（fondant chocolate couverture）發明之前，法蘭茲·薩赫（Franz Sacher）究竟是如何將巧克力鏡面（nappage au chocolat）覆蓋在蛋糕上？這是令人費解的謎團。或許他有一套獨門技術，使他的蛋糕獲得了驚人的成功。接著進入二十世紀，我們發現其他傳奇性的創作，如黑森林蛋糕（見第100頁）與歐培拉蛋糕（opéra）（見第242頁）。巧克力的大眾化，以及苦甜完美協調的味覺魅力，使人們開始實驗、創作出大量的巧克力蛋糕。接著誕生的是家庭自製巧克力舒芙蕾（soufflé）與軟芯的岩漿巧克力蛋糕（fondant）。現代廚師對巧克力的創意與狂熱，可以與阿茲提克人對他們寶貴tchocoatl的熱情相匹敵。

Gâteau au chocolat

巧克力蛋糕

蘇姬·佩崔歐Suzy Peltriaux的
食譜

準備時間
10分鐘

烹調時間
約30分鐘

6至8人份

可可脂含量60%的黑巧克力
250克
室溫奶油**250克**
砂糖**220克**
全蛋**200克**
麵粉**70克**

旋風式烤箱預熱至180℃。

—

為直徑22公分的高邊蛋糕模（moule à manqué）刷上奶油並撒上麵粉。去掉多餘的麵粉。

—

用鋸齒刀將巧克力切碎，隔水加熱至融化。攪打奶油和糖，並加入蛋，一次一顆每次都混合均勻再加入。加入融化的巧克力，攪拌，接著混入過篩的麵粉。

—

將麵糊倒入模型中。將模型放入烤箱，烤25至30分鐘，並以木匙讓門保持微開。

—

出爐後，在網架上為蛋糕脫模。放涼後品嚐。

Tarte fine au chocolat noir Porcelana

精瓷黑巧克力薄塔

準備時間
45分鐘

烹調時間
約20分鐘

冷藏時間
約5小時30分鐘

8人份

La pâte sucrée 甜酥麵團
室溫奶油 **150克**
糖粉 **95克**
杏仁粉 **30克**
給宏德鹽之花 **2撮**
香草莢 **¼根**
全蛋 **50克**
麵粉 **225克**
粗粒玉米粉 (semoule de maïs)
45克

**Le disque de chocolat noir
Porcelana 精瓷黑巧克力片**
給宏德鹽之花 **1克**
可可脂含量68%的精瓷黑巧克力
(chocolat noir Porcelana)
100克

**La ganache au chocolat noir
Porcelana 精瓷黑巧克力甘那許**
液狀鮮奶油 **180克**
可可脂含量68%的精瓷黑巧克力
160克
室溫奶油 **60克**

《傳統的蘋果薄塔 (tarte fine aux
pommes)是這道新版 "nomade"
巧克力塔的靈感來源。
精瓷黑巧克力的獨特深厚口味，
爲甘那許增加了深度，
使巧克力層更酥脆。》

製作甜酥麵團。在裝有塑膠製麵團攪拌扇的食物料理機碗
中，將奶油攪拌至軟化。依序加入過篩的糖粉、杏仁粉、鹽
之花、剖開香草莢刮出的香草籽、蛋，接著是過篩的麵粉和
粗粒玉米粉。攪打至形成團狀。冷藏靜置4小時，接著分成
二塊，將其中一塊麵團冷凍作爲他用。

—

製作精瓷黑巧克力片。用擀麵棍將鹽之花壓碎。用鋸齒刀將
巧克力切碎，將巧克力放入大碗裡懸在平底深鍋中，隔水加
熱至融化，在巧克力中混合鹽之花，溫度不應超過60℃。
將巧克力碗從隔水加熱的平底深鍋中取出，不時攪拌巧克
力，直到溫度達27℃。再將巧克力碗放回隔水加熱平底深
鍋中，輕輕攪拌巧克力，直到溫度再回升至31℃。

—

將調溫好的巧克力鋪在透明塑膠片 (feuille de Rhodoid)
上。當巧克力開始凝固時，用刀尖劃出直徑22公分的圓，
等分成8份。蓋上烤盤紙並用重物壓住，以免巧克力變形。
冷藏保存2至3小時。

—

將甜酥麵團擀成2公釐的厚度，用慕斯圈裁成直徑22公分
的圓形餅皮。用叉子戳洞，將圓形餅皮和慕斯圈一起擺在鋪
有烘焙專用烤盤紙的烤盤上。冷藏保存30分鐘

...

184 旋風式烤箱預熱至170℃。

—

將烤盤放入烤箱，烤15分鐘，一邊留意上色的狀況。

—

製作精瓷黑巧克力甘那許。將鮮奶油煮沸，分三次淋在切碎的巧克力上，用橡皮刮刀混合，從中央開始攪拌，並逐漸將動作擴大。甘那許的溫度一降至約40℃，就混入分成小塊的奶油，用手持式電動攪拌棒攪打，但勿打入空氣。

—

將巧克力甘那許淋在冷卻的甜酥圓餅上。冷藏30至45分鐘，取出脫模後用熱刀切成8份。在每份上放上一塊三角形的鹽之花精瓷黑巧克力片，在室溫下保存至享用的時刻。當天品嚐。

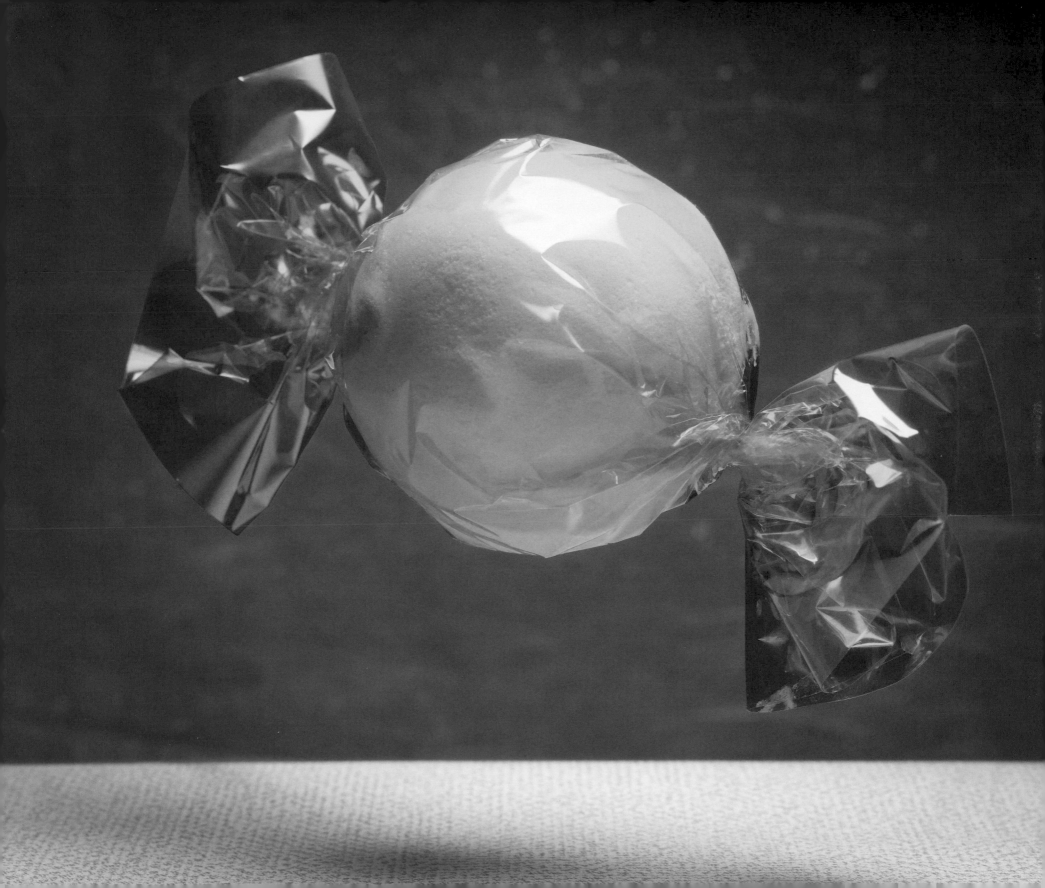

LE PARFAIT GLACÉ

冰淇淋芭菲

—

在冰凍綜合水果中加入水或鮮奶油—沒有比冰淇淋或雪酪更簡單的了。從古至今，這道廣受世人喜愛的甜點，仍不斷刺激著糕點師的靈感，成為一整個甜點家族的基本材料，這些甜點做得越來越精細，也越完美perfectionnés（音同法文的parfait）。這就是芭菲在十九世紀誕生的緣由，但若非義大利人花了四個世紀的時間，在歐洲各大城市傳播他們的冰淇淋製作技術，芭菲也不會問世。1660年開始，隨著西西里人波克普·迪科泰利（Procopio di Coltelli，很快以Procope的名字為人所熟知）的到來，冰淇淋芭菲征服了法國人的味蕾。他在巴黎的店，變成了法國首都第一間藝文咖啡館，並推出多達84種口味的冰淇淋！人民日益增加的需求，也使得法律不得不改變，檸檬水公會（la corporation des lemonadiers）於1676年正式取得販售冰淇淋的許可。

一個世紀後，那不勒斯人維若尼（Velloni）在塔布路（rue Taitbout）和義大利大道（boulevard des Italiens）的街角開了一間義大利冰淇淋店（gelateria）。這家店接著由著名的多多尼（Tortoni）接手，冰淇淋成為他製作糕點的靈感，創造了冰淇淋三明治（biscuit gelé）、那不勒斯三色慕斯凍糕（tranches napolitaines）和著名的半球形冰淇淋（bombe glacée）。政治家、知識份子、名媛和崇尚享樂主義生活的人們，都爭先恐後地到這裡品嚐最新流行的作品。這家咖啡館幾乎成了一種象徵，當代的重要作家如巴爾札克（Balzac）、司湯達（Stendhal）、普魯斯特（Proust）和莫泊桑（Maupassant）等，都在它們作品中提到這家店。

炸彈麵糊冰淇淋（bombe glacée）其實就是芭菲的祖先。埃斯科菲耶（Escoffier）在他的《烹飪指南 Guide culinaire》中提供了關鍵線索：「芭菲一詞，過去專門用在"咖啡芭菲 parfait au cafe"上，如今成了無外層的冰淇淋（uncoated ice cream以未塗上奶油醬的模型製作）的泛稱，這是以炸彈麵糊的成分（compositions à bombe）製作，而且只有一種口味，這也難怪，因為除了無關緊要的細微差別外，炸彈麵糊的原料和芭菲是一樣的。」但是在炸彈麵糊和芭菲之間，還是有著調味的不同。安東尼·卡漢姆（Antonin Carême）以改良夏洛特（charlotte）、與為維切林（vacherin）奠立基礎的同樣方式，在多多尼（Tortoni）的炸彈麵糊配方中增加蛋黃和鮮奶油，並以咖啡精（extrait café）調味。於是，芭菲parfait就此誕生，從這個名字也可看出當時美食家對它的看法。

Parfait glacé au café

咖啡冰淇淋芭菲

準備時間 15分鐘（前一天） +15分鐘（當天） **烹調時間** 約15分鐘 **冷凍時間** 4小時	*6人份* 全脂鮮乳 **330克** 哥倫比亞咖啡粉（café de Colombie moulu）**65克** 蛋黃 **200克** 砂糖 **165克** 液狀鮮奶油 **585克** 蛋白 **50克** 巧克力咖啡豆（grain de café au chocolat）**1顆**

前一天，將牛奶煮沸。加入咖啡粉並浸泡2分鐘，用細孔漏斗型網篩過濾牛奶。

—

混合蛋黃和糖。將浸泡牛奶再度煮沸，倒入蛋黃和糖的混料中，一邊快速攪打。

—

再倒入平底深鍋中，攪拌並煮至85℃。用電動攪拌棒攪打後倒入沙拉攪拌盆中，下墊一盆冰塊攪拌4至5分鐘。在裝有球狀攪拌棒的電動攪拌機碗中打至冷卻，冷藏保存至隔天。

—

當天，將沙拉攪拌盆冷凍15分鐘。在沙拉攪拌盆中將液狀鮮奶油攪打成打發鮮奶油。另取一個大碗，以電動攪拌機將蛋白打成泡沫狀的蛋白霜。

—

將咖啡蛋奶醬和打成泡沫狀的蛋白霜混合，接著再混入打發鮮奶油（預留一部分作為裝飾用）。將混合物倒入芭菲模中，冷凍至少4小時，讓材料凝固。

—

將芭菲脫模。在芭菲頂部將預留的打發鮮奶油擠出玫瑰擠花，中央放上外裹巧克力的咖啡豆裝飾，接著在整個芭菲周圍擠出一朵朵的玫瑰擠花。立即品嚐。

Parfait pistache,
fraises assaisonnées au basilic et citron vert

開心果芭菲佐羅勒青檸草莓

準備時間
30分鐘

冷凍時間
4小時

冷藏時間
30分鐘

8個芭菲

Le parfait pistache
開心果芭菲
礦泉水 **10克**
砂糖 **45克**
蛋黃 **80克**
液狀鮮奶油 **200克**
蛋白 **20克**
開心果醬 **35克**
去皮且切碎的開心果 **10克**

L'espuma au jus de basilic
羅勒泡沫
羅勒葉 **50克**
砂糖 **40克**
礦泉水 **250克**
冷用慕斯粉 (proespuma froid)
35克

Les fraises assaisonnées au
basilic et citron vert
羅勒青檸調味草莓
草莓 (gariguette 或 mara des
bois 品種) **500克**
新鮮羅勒葉 **6克**
檸檬汁 **10克**
青檸皮 **½顆** (未經加工處理)
砂糖 **20克**

最後完成
青檸檬 **½顆** (未經加工處理)
足量的開心果粉

《這道冰凍甜點，出色地結合了
不同的味道、口感和色彩；
裡面有明亮而清新芳香的羅勒泡沫、
檸檬加草莓的刺激酸味，
以及味道溫和的開心果芭菲。》

製作開心果芭菲。將礦泉水和糖煮沸。將煮沸的糖漿淋在蛋黃上，一邊快速攪打。再倒入平底深鍋中，加熱至85℃，用電動攪拌棒攪打，將備料倒入碗中，下墊一盆冰塊冷卻。

—

將沙拉攪拌盆冷凍15分鐘，然後在沙拉攪拌盆中將液狀鮮奶油攪打成打發鮮奶油。另取一個大碗，以電動攪拌機將蛋白打成泡沫狀的蛋白霜。

—

用一些蛋黃和糖漿的混合糊來稀釋開心果醬。混入剩餘的材料、打發的蛋白霜、打發鮮奶油，接著是切碎的開心果。將混合液倒入8個直徑7公分的圓頂狀軟矽膠模中。冷凍至少4小時，讓芭菲凝固。

—

製作羅勒泡沫。將羅勒葉在沸水中汆燙，立即瀝乾並放入冰水中。用食物理機將瀝乾的羅勒葉打碎，並放入用熱的礦泉水拌勻的糖和冷用慕斯粉，攪打。冷藏靜置30分鐘，倒入發泡鋼瓶中，接著裝上2顆氣彈。冷藏保存至使用的時刻。

—

...

Parfait pistache, fraises assaisonnées au basilic et citron vert

206 在最後一刻製作調味草莓。將草莓去蒂並切成4塊。將羅勒葉切碎，混合草莓、檸檬汁、用microplane刨刀刨碎的檸檬皮和糖。

—

用刀取下半顆青檸檬的皮切絲。為芭菲脫模，待5分鐘後在芭菲表面撒上開心果粉。擺在8個盤子裡，在周圍擺上調味草莓，撒上青檸皮絲，並擠上用發泡鋼瓶製作的羅勒慕斯。立即品嚐。

LE TRIFLE

崔芙鬆糕

—

如同許多的蛋糕和甜點,崔芙鬆糕輝煌的生涯從海上開始。船上的廚師將變乾的蛋糕用羅塔菲亞酒(ratafia,一種甜葡萄酒)浸濕,再搭配一大杓卡士達醬(custard),盡力使英國船員在海上數個月的時光愉快一些。他們有時還會加入果凍或果醬,或是用奶油起司(cream cheese)來取代卡士達醬。在十六世紀時,這「小玩意兒bagatelle」真的對人們意義重大。在十八世紀出現了一種類似的蘇格蘭甜點—whim wham,是以一種小蛋糕與混合了葡萄酒、紅色果凍與糖漬水果的鮮奶油為基底製成。

這道海上的甜點因為容易製作、效果突出,逐漸征服了陸地,家庭主婦開始自行製作。這裡毫無失敗的風險,因為你只需要把所有的材料,花一點心思組合起來就好,最後也許再用自己的方式做一點變化,完成這道令人讚嘆的甜點。

十八世紀時,漢娜·葛拉斯(Hannah Glasse)在她的暢銷書《烹飪的藝術The Art of Cookery》裡發表了最早的崔芙鬆糕食譜之一。我們無從得知,究竟是她改良了原本的配方,還是她只是複製了一道較為精緻的海上崔芙鬆糕食譜。她的敘述包括了指形蛋糕碎屑(又稱為「那不勒斯餅乾biscuits de Naples」、切半的馬卡龍(macarons)、羅塔菲亞餅乾(ratafia cakes)、英式奶油醬(crème anglaise)和沙巴雍(sabayon)。她接著建議用杏仁餅、花朵和染色的糖來裝飾蛋糕。這道食譜在二十年後、由艾蜜莉亞·西蒙(Amelia Simmons)幾乎一字不差的在《美國烹飪大全American Cookery》中重述。

1850年代,維多利亞女王(la reine Victoria)對崔芙鬆糕十分著迷,進而成為維多利亞時代的象徵甜點,富有當時重裝飾的風格,因此許多人還相信崔芙鬆糕就是在那時發明出來的。當時每個稍有自尊的英美家庭主婦,都能夠掌握這美味「小玩意兒bagatelle」的基本技術。崔芙鬆糕轉變成藝術作品。奧利佛·溫德爾·霍姆斯(Oliver Wendell Holmes)說得好:「居家藝術最完美的體現就叫『崔芙鬆糕』……它迷人地混合了鮮奶油、蛋糕、杏仁、果醬、果凍、葡萄酒、肉桂和泡沫。」

Trifle

崔芙鬆糕

準備時間
40分鐘

冷藏時間
1小時

4至6個崔芙鬆糕

Le confit de fraises 糖煮草莓
草莓 **300** 克
礦泉水 **50** 克
砂糖 **200** 克

La crème anglaise
英式奶油醬
全脂鮮乳 **150** 克
馬達加斯加香草莢 **1** 根
蛋黃 **40** 克
砂糖 **35** 克

La crème pâtissière allégée
清爽卡士達鮮奶油醬
全脂鮮乳 **250** 克
香草莢 **½** 根
砂糖 **65** 克
卡士達粉（poudre à flan）**17** 克
麵粉 **8** 克
蛋黃 **60** 克
室溫奶油 **25** 克
液狀鮮奶油 **80** 克

Le sirop d'imbibage au xérès
雪莉酒糖漿
礦泉水 **90** 克
砂糖 **100** 克
雪莉酒（xérès）**100** 克

最後完成
指形蛋糕體 **12** 至 **18** 個

製作糖煮草莓。去掉草莓的蒂頭，接著切半。將礦泉水和糖煮至121℃，將草莓放入糖漿中，煮至103℃。倒入沙拉攪拌盆中，放涼。

—

製作英式奶油醬。將牛奶和剖開並刮出籽的香草莢以平底深鍋煮沸。混合蛋黃和糖，將煮沸的牛奶淋在上面，並快速攪打。再將蛋奶醬倒回平底深鍋，攪拌加熱至達85℃。將蛋奶醬倒入沙拉攪拌盆中，取出香草莢，下墊冰塊冷卻。用電動攪拌棒攪打並放涼。

—

製作清爽卡士達鮮奶油醬。將牛奶、半根剖開取籽的香草莢，以及糖以平底深鍋煮沸。用打蛋器混合卡士達粉、麵粉和蛋黃。加入三分之一的熱牛奶，一邊攪打，接著再全部倒回平底深鍋中煮沸。倒入沙拉攪拌盆中，取出香草莢，下墊冰塊冷卻。當蛋奶醬降溫至60℃時，混入分成小塊的奶油。在卡士達醬表面緊貼上保鮮膜，放至完全冷卻。

—

將沙拉攪拌盆冷凍15分鐘，然後在沙拉攪拌盆中將液狀鮮奶油攪打成打發鮮奶油，接著混入冷卻的卡士達醬中。

—

製作糖漿。將礦泉水和糖煮沸。離火後加入雪莉酒，接著放涼。

—

以雪莉酒糖漿浸潤指形蛋糕體，在每個杯子底部擺上一塊切半的指形蛋糕體，倒入一些糖煮草莓，接著鋪上卡士達鮮奶油醬。以同樣方式再疊上二層。冷藏至少1小時。享用時，淋上英式奶油醬，即刻品嚐。

Trifle de « sir Jack »

「傑克爵士」崔芙鬆糕

準備時間
20分鐘

烹調時間
約15分鐘

冷藏時間
2小時

10至12個崔芙鬆糕

La pâte des sablés diamant
鑽石甜酥麵團
回軟奶油 **100克**
砂糖 **45克**
香草粉 **1撮**
給宏德鹽之花 **1克**
麵粉 **140克**

La crème brûlée allégée
清爽烤布蕾醬
吉利丁片 **5克**
全脂鮮乳 **190克**
液狀鮮奶油 **190克**
香草莢 **3根**
蛋黃 **90克**
砂糖 **60克**
液狀鮮奶油 **260克**

La garniture de fruits 水果內餡
草莓 **800克**
覆盆子 **500克**
藍莓 **1盒**
醋栗 **1盒**

La crème Chantilly
鮮奶油香醍
液狀鮮奶油 **150克**
砂糖 **20克**

《 相較於粗曠版的崔芙鬆糕，
這是比較精緻、也更爲美味的版本。
當你咬下酥脆的酥餅，
嚐到滑順的卡士達醬，與黑色、紅色的莓果時，
便能感受到強烈的愉悅。》

旋風式烤箱預熱至170℃。

—

製作鑽石甜酥麵團。在裝有塑膠製麵團攪拌扇的食物料理機碗中攪拌奶油。混入糖、香草粉和鹽之花，接著加入麵粉。揉至形成麵團，冷藏靜置2小時。

—

將甜酥麵團擀成3公釐的厚度，擺在鋪有烘焙專用烤盤紙的烤盤上，入烤箱烤15至20分鐘，烤至呈現金黃色。將餅乾弄碎成小塊。

—

製作清爽烤布蕾醬。用冷水浸泡吉利丁，讓吉利丁軟化。將牛奶、鮮奶油和剖開取籽的香草莢以平底深鍋煮沸。另取一個碗混合蛋黃和糖，將熱牛奶倒入蛋黃和糖的混合物中，再混入瀝乾的吉利丁溶化並拌勻。過濾蛋奶醬放入碗中，下墊一盆冰塊放涼。

—

在冰過的沙拉攪拌盆中，將液狀鮮奶油攪打發。將打發鮮奶油混入冷卻的蛋奶醬中。

—

在最後一刻製作水果內餡。將草莓去蒂並切成4塊，用叉子將250克的覆盆子壓碎。混合覆盆子、草莓、藍莓和醋栗果粒。

—

製作鮮奶油香醍。在冰過的沙拉攪拌盆中加入液狀鮮奶油和糖，打成鮮奶油香醍。倒入裝有8號星型擠花嘴的擠花袋中。

—

將甜酥餅乾碎屑分裝至杯底，倒入混合好的水果內餡，接著是壓碎的覆盆子。填入清爽烤布蕾醬。在每個杯中擠出一朵漂亮的玫瑰花狀鮮奶油香醍。即刻品嚐。

LA ZUPPA INGLESE

英式甜湯

—

沒有人會懷疑，十六世紀由英國船員發明的崔芙鬆糕（trifle），就是英式甜湯的起源。但崔芙鬆糕究竟是在何時、何地，轉變成富有義大利風格的甜點呢？它又是如何成為義大利半島上，現代最著名的甜食之一？許多義大利的城市都宣稱自己是起源地，時代也不盡相同，但在爭奪英式甜湯出生地的頭銜之戰中，費拉拉（Ferrare）可說是其中最具資格的。

在文藝復興時期，不但鼓勵藝術創意，各種文化交流也大為盛行，崔芙鬆糕進入了埃斯泰公爵的華麗宮廷，直到今天，仍有義大利人將這道甜點稱為zuppa estense（斯泰湯soupe d'Este）。我們知道，可能是一名義大利外交官在旅居倫敦之後，將這道轟動英格蘭的食譜攜回義大利。接著，當地的廚師很自然地試著用本地的食材來詮釋這道配方。他們採用一種當地的海綿蛋糕—le bracciatella，傳統上搭配甜味利口酒，再加入他們自己的卡士達版本和一些糖漬水果。目前使用的胭脂紅酒（alkermès，以肉桂、薑和多種香草調味的利口酒），有時會以太陽之露（rosolio，一種玫瑰花瓣利口酒）來取代，這可能是文藝復興時期留下的傳統。

善用剩餘材料絕對是這道甜點成功的關鍵，尤其受到節儉成性義大利家庭的喜愛。這道甜點的起源還有另一個說法：一戶英國家庭定居在佛羅倫斯附近的菲耶索萊山丘（Fiesole hill），服侍他們的當地農婦總是將吃不完的麵包留下來，無疑受到了雇主的啓發，試著用酒來加以浸泡，然後搭配卡士達鮮奶油醬（crème pâtissière）當作甜點。

隨著時代的演變，英式甜湯的製作也更趨精緻，逐漸演化出二種類型的食譜。第一種較接近提拉米蘇（tiramisu見第140頁），下鋪薩瓦蛋糕（biscuit de Savoie）或烤過的皮力歐許，加上浸了蘭姆酒、馬拉斯加酸櫻桃酒（marasquin）或胭脂紅酒的糖漬水果，再澆上大量的沙巴雍（sabayon）。另一種食譜的靈感則來自英式布丁（English puddings）或夏洛特（charlotte）：以熱內亞蛋糕（génoise）為底部，將所有材料疊放進來，但省略沙巴雍（sabayon），有時會在表層加上義式蛋白霜（meringue italienne）。

在1980年代之前，英式甜湯一直是所有義大利餐廳菜單上的招牌甜點，但現在幾乎已完全被有親近血緣關係的提拉米蘇所取代，因為製作起來更簡單，但這並不表示，我們不能在家享受這道古老的精緻美食。

Zuppa inglese
英式甜湯

準備時間
15分鐘（前一天）
+35分鐘（當天）

烹調時間
2小時30分鐘

浸泡時間
20分鐘

8人份

L'orange semi-confite
半糖漬柳橙
柳橙 1 顆（未經加工處理）
礦泉水 500 克
砂糖 250 克

La pâte à biscuit cuillère
指形蛋糕體麵糊
蛋黃 120 克
砂糖 150 克
蛋白 180 克
麵粉 60 克
馬鈴薯澱粉 60 克

Le sirop d'imbibage à l'Alchermes 胭脂紅酒糖漿
礦泉水 75 克
砂糖 25 克
胭脂紅酒（Alchermes）300 克
（若沒有的話可改用金巴利 Campari）

La crème pâtissière
卡士達奶油醬
全脂鮮乳 550 克
馬達加斯加香草莢 1 根
砂糖 100 克
蛋黃 250 克
米粉（amidon de riz）25 克
液狀鮮奶油 100 克

La crème pâtissière à l'orange
柳橙卡士達奶油醬
半糖漬柳橙 45 克
卡士達奶油醬 900 克

杏仁片 50 克

La meringue italienne
義式蛋白霜
礦泉水 40 克
砂糖 150 克
蛋白 100 克

前一天，製作半糖漬柳橙。切去柳橙的兩端，將果皮切下並保留1至1.5公分的果肉，將果皮浸泡在沸水中汆燙再取出，共三次。將礦泉水和糖煮沸，將果皮泡入糖漿，小火滾沸煮2小時。冷藏浸漬至隔天。

—

當天，用網篩將柳橙皮瀝乾。

—

旋風式烤箱預熱至170℃。

—

製作指形蛋糕體麵糊。將蛋黃和100克的糖打發。將蛋白和剩餘的糖打成柔軟的蛋白霜。將麵粉和馬鈴薯澱粉過篩，混入蛋黃和糖的混料中，接著再混入打發的蛋白霜。將麵糊均勻地鋪在放有烘焙專用烤盤紙的烤盤上，入烤箱烤12分鐘。放涼後將烤盤紙撕除。裁成8個直徑8公分，和8個直徑10公分的圓餅。

—

製作糖漿。將礦泉水和糖煮沸，離火後加入胭脂紅酒。冷藏保存。

—

製作卡士達奶油醬。將200克的牛奶和剖開取籽的香草莢煮沸，離火加蓋，浸泡20分鐘。將剩餘的牛奶、一半的糖和香草牛奶以平底深鍋煮沸。取一個碗混合蛋黃、米粉和剩餘的糖，並摻入一半煮沸的牛奶。再全部倒回平底深鍋中，煮沸2分鐘，接著加入鮮奶油。拌勻並放涼。

—

製作柳橙卡士達奶油醬。將半糖漬柳橙皮切成邊長2至3公釐的小丁，和冷卻的卡士達奶油醬混合。

—

在一個小湯盤底部鋪上薄薄一層柳橙卡士達奶油醬，用糖漿浸潤第一塊直徑8公分的指形蛋糕體圓餅，擺在卡士達奶油醬上。為蛋糕體鋪上一層柳橙卡士達奶油醬，再擺上第二塊直徑10公分浸潤糖漿的蛋糕體圓餅，按壓至蛋糕與湯盤齊平。其他湯盤也以同樣方式進行。冷藏保存。

—

旋風式烤箱預熱至150℃。用烤箱烤杏仁片15分鐘。

—

製作義式蛋白霜。將礦泉水和糖煮至121℃，當糖漿達115℃時，開始將蛋白打成泡沫狀的蛋白霜，接著緩緩倒入煮至121℃的糖漿，繼續攪打至蛋白霜冷卻。將義式蛋白霜倒入裝有10號平口擠花嘴的擠花袋中。在每個餐盤中，從中央開始擠出螺旋狀的蛋白霜，用噴槍或烤箱烤上色，接著在表面撒上烤杏仁片。即刻品嚐。

Émotion Infiniment Vanille

香草無限激情

準備時間
20分鐘（提前4天）
+1小時（當天）

烹調時間
約15分鐘

靜置時間
約1小時

冷藏時間
4小時30分鐘

浸泡時間
1小時

10人份

La pâte à baba
芭芭麵團
麵粉 **120克**
新鮮酵母 **20克**
全蛋 **95克**
給宏德鹽之花 **2克**
砂糖 **30克**
奶油 **70克**

La crème anglaise à la vanille
英式香草奶油醬
吉利丁片 **3克**
液狀鮮奶油 **210克**
大溪地香草莢 **½根**
馬達加斯加香草莢 **½根**
墨西哥香草莢 **½根**
蛋黃 **40克**
砂糖 **50克**

La gelée à la vanille 香草凍
吉利丁片 **8克**
全脂鮮乳 **80克**
礦泉水 **320克**
砂糖 **30克**
無酒精香草精 **5克**
大溪地香草莢 **½根**
馬達加斯加香草莢 **½根**
墨西哥香草莢 **½根**
陳年棕色蘭姆酒 **8克**

Le sirop d'imbibage à la vanille
香草糖漿
礦泉水 **330克**
砂糖 **160克**
大溪地香草莢 **½根**
馬達加斯加香草莢 **½根**
墨西哥香草莢 **½根**
無酒精香草精 **5克**
陳年棕色蘭姆酒 **15克**

La meringue italienne
義式蛋白霜
礦泉水 **20克**
砂糖 **75克**
香草莢 **2根**
蛋白 **50克**

La crème de mascarpone à la vanille 香草瑪斯卡邦起司醬
瑪斯卡邦起司 **200克**
英式香草奶油醬 **300克**

《香草、三倍無限熱情的香草⋯⋯
我將三種不同產地的香草組合在一起，
創造出自己的香草口味。
大溪地、馬達加斯加和墨西哥，
都各有其獨特的溫暖、滑順風味。》

提前4天，製作芭芭麵團。在裝有揉麵勾的電動攪拌機碗中，攪打過篩的麵粉、弄碎的新鮮酵母、蛋和鹽之花，直到麵團脫離碗壁。加入糖，再度攪打至麵團脫離碗壁。

—

將奶油加熱至45℃，讓奶油融化。緩緩混入麵糊中，一邊用電動攪拌機攪打至均勻。將麵團填入裝有16號平口擠花嘴的擠花袋中。

—

為10個直徑5.5公分的芭芭模刷上奶油。填入麵團至一半的高度，並用剪刀將麵團剪斷。讓麵團在24℃的環境裡膨脹1小時，直到距離邊緣1公分處。

—

旋風式烤箱預熱至170℃。

—

將模型放入烤箱，烤13分鐘。將芭芭脫模並放涼，在室溫下保存4日。

—

當天，製作英式香草奶油醬。用冷水浸泡吉利丁20分鐘，讓吉利丁軟化。將鮮奶油和剖開取籽的香草莢一起用平底深鍋煮沸。另取一個碗混合蛋黃和糖，淋上煮沸的鮮奶油，一邊快速攪打。再將蛋奶醬倒回平底深鍋中，加熱攪拌至溫度達85℃。將英式香草奶油醬倒入沙拉攪拌盆中，移去香草莢，混入瀝乾的吉利丁攪拌至溶化，下墊冰塊降溫，用電動攪拌棒攪打均勻並放涼。冷藏保存至少4小時。

—

....

216 製作香草凍。用冷水浸泡吉利丁20分鐘，讓吉利丁軟化。將牛奶和礦泉水煮沸，加入糖、香草精、剖開的香草莢和香草籽。浸泡至少30分鐘

—

將香草莢取出。在少許煮沸的牛奶中讓瀝乾的吉利丁溶化，和蘭姆酒一起加入剩餘的牛奶中。將香草凍分裝至10個玻璃杯底。冷藏保存。

—

製作香草糖漿。將礦泉水、糖、剖開取籽的香草莢煮沸，浸泡至少30分鐘，加入香草精和蘭姆酒。

—

保留香草莢，再將香草糖漿加熱至約50℃。讓芭芭浸泡在糖漿中，經常翻面，讓蛋糕體飽糖漿，擺在網架上瀝乾。

—

製作義式蛋白霜。將礦泉水、糖和剖半香草莢的籽煮至121℃。當糖漿115℃時，開始將蛋白打成泡沫狀的蛋白霜，接著緩緩倒入煮至121℃的糖漿。繼續攪打至蛋白霜冷卻。倒入裝有8號星型擠花嘴的擠花袋中。

—

製作香草瑪斯卡邦起司醬。用球狀攪拌棒的電動攪拌器將瑪斯卡邦起司打至軟化，緩緩混入英式奶油醬，以最高速攪打1分鐘。填入擠花袋中不需裝擠花嘴。

—

將瀝乾的芭芭（可將頂端切下）擺在香草凍上。擠上香草瑪斯卡邦起司醬，並擠至略高於杯緣處。再將義式蛋白霜擠成玫瑰擠花，並用噴槍上色。

—

不論是受到傳統的啓發或是來自糕點師的新鮮創意，

現代甜點都擁有自己的專屬領域。

它們的存在，通常和創作者的名字緊密連結。

所有、或幾乎說所有的文件資料，對創作的時間點也都沒有異議；

然而，像所有的糕點一樣，這些現代的創作背後

有著引人入勝、甚至是互相矛盾的故事。

—

LES TEMPS MODERNES

現代的糕點

L'ÉCLAIR

閃電泡芙

「閃電泡芙」這道美味的創作，是泡芙甜點大家族的終極演化結果，成員都有泡芙殼，裡面包著驚喜的風味奶油醬。用泡芙麵糊（pâte à choux）做成的殼，並不是甚麼新鮮的點子，早在文藝復興時期，便已由義大利人波普里尼（Popelini）發明出來。他是凱撒琳·梅迪奇（Catherine de Médicis）的甜點主廚，擅長一種以爐火烘烤的麵團，製成可口的「popelins 波普里尼」，也就是奶油泡芙（choux à la crème）的祖先。之後，塔列蘭（Talleyrand）的糕點師阿維斯（Avice），開發出其他烘烤泡芙的小點心，如麥加（pain de La Mecque，裝飾上珍珠糖的泡芙小麵包）。他精神上的傳人─卡漢姆（Carême），在十九世紀初期將泡芙外殼、表面餡料與夾心的技術臻於完美，並因此成名。他也發明了舉世無雙的泡芙塔（croquembouche），這是由小泡芙（profiterole，也是他的發明）堆疊而成的金字塔型糕點，以焦糖固定。

卡漢姆將稱為公爵夫人（duchesses）的手指狀泡芙現代化。這些精緻的糕點，在十八世紀時已經存在，它們長長的形狀，令人聯想到出身良好貴婦們纖細的玉指。必須在麵粉中用手工塑形、拉長，撒上杏仁粒再烘烤。卡漢姆捨棄了杏仁，將手指狀泡芙剖成兩半，再填入杏桃果醬或巧克力、咖啡口味的卡士達奶油醬（crème pâtissière）。這些閃電泡芙（當時還沒有這個名稱）擁有各式各樣的美味表兄妹，包括：皇家棒（bâtons royaux，醋栗夾心、表面有糖霜）、修女泡芙（religieuse，兩塊泡芙疊起來，有鮮奶油夾心和表面的巧克力糖霜）、湯丸（boule à potage）、贊巴雍（zambaïone）、薩倫波（salammbô）（較公爵夫人泡芙厚而短、有櫻桃酒奶油夾心、綠翻糖表面糖霜，再撒上一半的巧克力屑）。

翻糖的確像蛋糕上的櫻桃（cherry on the cake，或者應該說泡芙上的櫻桃 cherry on the eclair?），錦上添花。最初糕點業界是用來包覆翻糖糖果（fondant candies）。發明人是吉蕾（Gilé）─1830 年巴黎勒蒙納糕點店（Maison Lemoine）的首席糕點師，接著很快地用在蛋糕和糕點上，成功地包覆在花式小蛋糕（petits fours）上。在希布斯特麵包店（Chiboust）工作的熱內亞蛋糕（pain de Gênes）之父，弗維爾（Fauvel），在 1850 年也曾大量使用。同年，據說一名來自里昂的糕點師，發明了現代的閃電泡芙。這位迄今無名的創作者，可能只是為呼之欲出的一種新甜點確立了正式的形狀。身為 1847 年誕生，聖多諾黑（Saint-Honore，見第 266 頁）的表親，閃電泡芙是當時時代潮流的產物。卡士達奶油醬夾心是標準口味，翻糖糖霜很流行，泡芙大受歡迎，剛發明的擠花袋使裝飾更容易，剩下的工作，就只是找個合適的名稱。éclair 這個字就是「閃電」，具體形容了人們將這些美味甜點如閃電般送入口中的樣子。

Éclair au chocolat

巧克力閃電泡芙

準備時間
1小時

烹調時間
約30分鐘

約20個閃電泡芙

La pâte à choux 泡芙麵糊
礦泉水 **125克**
全脂鮮乳 **125克**
砂糖 **5克**
給宏德鹽之花 **5克**
奶油 **110克**
麵粉 **140克**
全蛋 **250克**

La crème pâtissière
卡士達奶油醬
全脂鮮乳 **500克**
馬達加斯加香草莢 **1根**
砂糖 **130克**
卡士達粉（poudre à flan）**35克**
麵粉 **15克**
蛋黃 **120克**
回軟奶油 **50克**

La ganache au chocolat
巧克力甘那許
可可脂含量100%的可可膏 **40克**
可可脂含量70%的 Guanaja 瓜
納拉黑巧克力（Valrhona）**320克**
全脂鮮乳 **240克**

**La crème pâtissière au
chocolat** 巧克力卡士達奶油醬
卡士達奶油醬 **750克**
全脂鮮乳 **75克**
巧克力甘那許 **560克**

Le glaçage au chocolat
巧克力鏡面
礦泉水 **90克**
砂糖 **100克**
可可脂含量100%的可可膏 **80克**
鏡面翻糖（fondant pâtissier）
500克

旋風式烤箱預熱至200℃。

—

製作泡芙麵糊。將礦泉水、牛奶、糖、鹽之花和奶油煮沸，倒入麵粉，快速攪拌至麵糊變得平滑。繼續攪拌至麵糊脫離平底鍋壁，將麵糊移至沙拉攪拌盆中，並混入一顆顆的蛋，每次加入都攪拌至完全吸收再加入下一顆，將麵糊填入裝有 #BF 18緊密小齒擠花嘴的擠花袋中。

—

在鋪有烘焙專用烤盤紙的烤盤上，預留間隔地擠出長約15公分的麵糊。

—

將烤盤放入烤箱，立刻熄火。10分鐘後，重新開火，將烤箱調至170℃，繼續再烤約20分鐘。最後的10分鐘，用木匙卡住烤箱門，讓門保持微開。取出讓閃電泡芙在網架上放涼。

—

製作卡士達奶油醬。將牛奶、剖開取籽的香草莢和糖以平底深鍋煮沸。另取一個碗用打蛋器混合卡士達粉、麵粉和蛋黃。加入三分之一的熱牛奶，一邊攪打，接著再全部倒回平底深鍋中煮沸。倒入沙拉攪拌盆中，移去香草莢，下墊冰水冷卻。當蛋奶醬降溫至60℃時，混入分成小塊的奶油。將保鮮膜貼在卡士達奶油醬表面，冷藏保存。

—

製作巧克力甘那許。用鋸齒刀將巧克力和可可膏切碎，將牛奶煮沸。將煮沸的牛奶分三次淋在巧克力與可可膏上，每加一次牛奶，都攪拌均勻。

—

製作巧克力卡士達奶油醬。在小鍋子中加熱牛奶，用熱牛奶攪拌卡士達奶油醬，再加入微溫的巧克力甘那許，用打蛋器攪拌至平滑。

—

用6號平口擠花嘴的尖端，在閃電泡芙底部間隔2.5公分地戳出3個洞，擠入巧克力卡士達奶油醬，冷藏保存。

—

製作巧克力鏡面。將礦泉水和糖煮沸，接著放涼。用鋸齒刀將可可膏切碎，接著隔水加熱至融化。用雙手揉捏翻糖至軟化，與幾匙的糖漿、融化的可可膏混合。再加入一些糖漿，直到翻糖形成柔軟的質地。

—

將閃電泡芙的表面一一浸入巧克力鏡面翻糖中。立刻拉起，並擦去可能滴落的鏡面翻糖，靜置到凝固。品嚐。

Gourmandise fraise, orange, cardamome

草莓柳橙荳蔻閃電泡芙

準備時間
15分鐘（前一天）
+30分鐘（當天）

烹調時間
約30分鐘

浸泡時間
30分鐘

6人份

La crème de mascarpone à la cardamome 荳蔻瑪斯卡邦起司醬
吉利丁片 **2克**
液狀鮮奶油 **165克**
綠荳蔻（cardamome verte en graine）**2克**
蛋黃 **35克**
砂糖 **40克**
瑪斯卡邦起司 **165克**

La pâte à choux 泡芙麵糊
礦泉水 **50克**
全脂鮮乳 **50克**
砂糖 **2克**
給宏德鹽之花 **2克**
奶油 **45克**
麵粉 **55克**
全蛋 **50克**

珍珠糖（sucre en grains）**50克**
去皮且切碎的杏仁粒 **50克**

La crème pâtissière allégée 清爽卡士達鮮奶油醬
全脂鮮乳 **125克**
香草莢 **½根**
砂糖 **30克**
卡士達粉（poudre à flan）**5克**
麵粉 **5克**
蛋黃 **30克**
回軟奶油 **12克**
液狀鮮奶油 **40克**

La garniture 內餡
草莓 **300克**
柳橙醬（marmelade d'oranges）

《 這一小塊閃電泡芙中的多種口味，
是我想像力的結晶。柳橙轉化了草莓的味道，
卡士達裡的荳蔻風味和柳橙相呼應，
泡芙殼入口酥脆，令人愉悅。》

前一天，製作瑪斯卡邦起司醬。用冷水浸泡吉利丁20分鐘，讓吉利丁軟化。將鮮奶油和綠荳蔻莢以平底深鍋煮沸，浸泡30分鐘後過濾。混合蛋黃和糖，淋上煮沸的鮮奶油，一邊快速攪打。再將蛋奶醬倒回平底深鍋中，加熱攪拌至達85℃。離火，加入瀝乾的吉利丁溶化並拌勻。將蛋奶醬放涼後加入攪拌軟化的瑪斯卡邦起司至均勻。冷藏保存。

—

製作泡芙麵糊。將礦泉水、牛奶、糖、鹽之花和奶油煮沸，倒入麵粉，快速攪拌至麵糊變得平滑。繼續攪拌至麵糊脫離平底鍋壁，將麵糊移至沙拉攪拌盆中，並混入一顆顆的蛋，每次加入都攪拌至完全吸收再加入下一顆，將麵糊填入裝有12號平口擠花嘴的擠花袋中。

—

在鋪有烤盤紙的烤盤上，擠出直徑4公分相連的6顆麵糊共二條，球與球彼此緊密貼合。為泡芙撒上珍珠糖和切碎的杏仁粒。

—

旋風式烤箱預熱至200℃。將泡芙放入烤箱，熄火10分鐘。開火，改以170℃烤約20分鐘。烤10分鐘後，用木匙卡住烤箱門，讓門保持微開烤完剩餘時間。取出在網架上放涼。

—

製作卡士達鮮奶油醬。將牛奶、半根剖開取籽的香草莢和糖以平底深鍋煮沸。另以一個碗混合卡士達粉、麵粉和蛋黃。加入三分之一的熱牛奶，一邊攪打，接著再全部倒回平底深鍋中煮沸。倒入沙拉攪拌盆中，移去香草莢，下墊冰水冷卻。當奶油醬降溫至60℃時，混入分成小塊的奶油。將保鮮膜緊貼在卡士達醬表面，冷藏至完全冷卻。在冰過的沙拉攪拌盆中，將液狀鮮奶油攪打成打發鮮奶油，再和冷卻的卡士達醬混合。

—

製作內餡。將草莓去蒂並切半。

—

用鋸齒刀將泡芙從距頂部三分之一處橫剖切開。在底部抹上一層柳橙醬，鋪上卡士達鮮奶油醬，接著擺上切半的草莓，讓草莓大大地超出邊緣。

—

將電動攪拌機的鋼盆冰鎮，再加入荳蔻瑪斯卡邦起司醬攪打至滑軟。填入裝有8號星形擠花嘴的擠花袋中。沿著草莓擠出勻稱的花狀起司醬。再蓋上泡芙的頂端，即刻品嚐。

LE FRAISIER 草莓蛋糕

—

雖然這是每家法國糕點店都可看到的經典產品，草莓蛋糕卻是近代的發明，大概和出現於1930年代的黑森林蛋糕（Forêt-Noire見第102頁）同期。在十九世紀的甜點食譜裡（如安東尼‧卡漢姆Antonin Carême、吉爾‧古菲Jules Gouffé，到于邦‧杜伯瓦Urbain Dubois等人的著作），完全找不到草莓蛋糕的影子。

但若仔細觀察，當時就有一種蛋糕的傳統做法，是將浸了糖漿的熱那亞蛋糕圓片（disques de génoise）組合在一起，再鋪上鮮奶油或卡士達醬；草莓蛋糕顯然和它一脈相承。分層蛋糕的組合技術，在十九世紀時突飛猛進；這是歷史的轉捩點，法國糕點師發明了熱內亞蛋糕（génoise），並改良了經典的卡士達奶油醬（crème pâtissière），在其中混合了奶油，使其更輕盈滑順。奧古斯特‧朱利安（Auguste Jullien）和他的兄弟，創造出「三兄弟蛋糕trois-frères」和「攝政蛋糕régent」，都是以熱內亞蛋糕體（biscuit génoise）製作的；基納（Guignard）發明了摩卡蛋糕（le moka見第236頁），草莓蛋糕則可視為其中一款水果口味的版本。

在1873年出版的《糕點之書Livre de pâtisserie》，吉爾‧古菲提到一道布列塔尼草莓蛋糕的食譜，這是和草莓蛋糕更具血緣關係的祖先。布列塔尼草莓蛋糕的配方，來自布列塔尼麵糊（pâte à breton），但它和熱內亞蛋糕體（pain de Gênes）十分相似。惟一不同之處只在於添加了杏仁粉，並在製作時將蛋黃和蛋白分開。這道糕點是以七片布列塔尼蛋糕圓片製作的！當時的人喜歡高高的蛋糕。蛋糕片的夾心是一層草莓、一層蘋果果凍依序鋪上，表面再塗上草莓和櫻桃酒翻糖糖霜。裝飾也不失華麗：綠色的糖，和綠、白色的義式蛋白霜、頂端再加上由糖絲（sucre fié）製成的裝飾。

草莓當時只以果凍（gelée）的形式存在。以當時大多數的甜點來說，水果通常只是用來強調特色的配料，增添一點風味和色彩。水果不是趁新鮮時食用，就是塞入巴伐利亞（bavaroise）、薩瓦蘭（savarins）和其他的夏洛特（charlottes）內。在十九世紀之前，法國的草莓小而嬌貴；是野生的品種。吉力耶（Gilliers）在1751年《法國司糖吏Le Cannameliste francais》中形容野生的草莓：「芳香怡人，紅酒般的色澤，香甜美味」。直到十八世紀，亞梅德–方索瓦‧弗雷澤（Amédée-François Frézier）才從智利帶回Fragaria品種草莓，衍生出法國今日大宗草莓的品種。在普盧加斯泰多拉（Plougastel）發展出來的草莓種植，以及巴黎-布列斯特（Paris-Brest）鐵路線的開通，使草莓在法國各地更為普及。在1930年代，市場就比較容易看到又大又紅的上等草莓，於是草莓成為蛋糕上明星的時機就此「成熟」了。

Fraisier

草莓蛋糕

準備時間
1小時30分鐘

烹調時間
約30分鐘

冷藏時間
30分鐘

10至12人份

La génoise 熱內亞蛋糕
融化奶油 **80克**
全蛋 **300克**
砂糖 **200克**
麵粉 **210克**

Le sirop d'imbibage 糖漿
礦泉水 **40克**
砂糖 **40克**
櫻桃酒 **10克**
覆盆子利口酒（liqueur de framboise）**10克**

La crème pâtissière
卡士達奶油醬
全脂鮮乳 **250克**
馬達加斯加香草莢 **½根**
砂糖 **65克**
卡士達粉（poudre à flan）**17克**
麵粉 **8克**
蛋黃 **60克**
室溫奶油 **25克**

La meringue italienne
義式蛋白霜
礦泉水 **55克**
砂糖 **190克**
蛋白 **90克**

La crème au beurre 法式奶油霜
全脂鮮乳 **90克**
蛋黃 **75克**
砂糖 **90克**
室溫奶油 **375克**
義式蛋白霜 **200克**

La crème mousseline
慕斯林奶油醬
法式奶油霜 **800克**
卡士達奶油醬 **200克**

La garniture 內餡
草莓 **1.5公斤**（gariguette或 mara des bois 品種）

La meringue italienne moins sucrée 減糖義式蛋白霜
礦泉水 **30克**
砂糖 **90克**
蛋白 **60克**

旋風式烤箱預熱至180℃。為直徑25公分、高5公分的高邊烤模刷上奶油。撒上麵粉再去掉多餘的麵粉。

—

製作熱內亞蛋糕。將奶油加熱至融化。將電動攪拌機的碗懸在一鍋微滾的水中，在碗中攪打蛋和糖，直到溫度達55至60℃，將碗取出，持續用電動攪拌機以高速攪打至蛋液的體積膨脹為3倍且冷卻。在冷卻的融化奶油中混入2大匙打發的蛋液。在蛋液中混入過篩的麵粉，接著是融化的奶油和蛋液的混料，拌勻。倒入模型中，入烤箱烤25至30分鐘。脫模後置於網架上放涼。

—

製作糖漿。將礦泉水和糖煮沸，離火後加入櫻桃酒和覆盆子利口酒。

—

製作卡士達奶油醬。將牛奶、剖開取籽的香草莢和糖以平底深鍋煮沸。另取一個碗混合卡士達粉、麵粉和蛋黃。加入三分之一的熱牛奶，一邊攪打，接著再全部倒回平底深鍋中煮沸。倒入沙拉攪拌盆中，移去香草莢，並置於裝有冰水的鍋中隔冰冷卻。當蛋奶醬降溫至60℃時，混入分成小塊的奶油。將保鮮膜緊貼在卡士達奶油醬表面，冷藏保存。

—

製作義式蛋白霜。將礦泉水和糖煮沸，煮至121℃。當糖漿達115℃時，開始將蛋白打成不要太硬的泡沫狀蛋白霜，以細流狀緩緩倒入煮至121℃的糖漿，一邊不停攪打直到蛋白霜冷卻。

—

製作法式奶油霜。將牛奶以平底深鍋煮沸。混合蛋黃和糖，倒入部分煮沸的牛奶，一邊快速攪打，接著再全部倒回平底深鍋煮至85℃。倒入沙拉攪拌盆中，並置於裝有冰水的鍋中隔冰冷卻，接著以手持式電動攪拌棒攪打。在電動攪拌機碗中將奶油打至形成乳霜狀，緩緩混入冷卻的蛋奶醬，接著是義式蛋白霜。

—

製作慕斯林奶油醬。攪打法式奶油霜，接著加入卡士達奶油醬，拌勻。填入裝有10號平口擠花嘴的擠花袋中。

—

將熱內亞蛋糕體頂部上色的部分切掉，橫剖成二片每片1公分厚，直徑24公分的圓片狀，先取一片鋪入直徑24公分高4公分的慕斯圈中，以一半的糖漿刷塗浸潤蛋糕體。

—

製作內餡，將草莓去蒂，並將其中的三分之一切半。在慕斯圈的邊緣放上切半的草莓，切面朝外，接著在熱內亞糕體上擠出一層，約200克的慕斯林奶油醬。以緊密直立的方式鋪滿整顆的草莓。將超出慕斯圈高度的草莓頂端切去。再擠上一層慕斯林奶油醬至齊高。擺上第二片熱內亞蛋糕體並以糖漿刷塗浸潤。冷藏保存30分鐘。

—

製作減糖義式蛋白霜，以製作一般義式蛋白霜的方式進行。

—

在草莓蛋糕表面抹上一層減糖義式蛋白霜，並移去慕斯圈。用噴槍將義式蛋白霜烤成金黃色。將草莓蛋糕冷藏保存至品嚐的時刻。

Montebello

蒙特貝羅

準備時間
1小時30分鐘

烹調時間
約30分鐘

6至8人份

Le biscuit dacquoise pistache
開心果打卦滋蛋糕體
開心果 **25克**
糖粉 **135克**
＋撒在表面用量
杏仁粉 **115克**
蛋白 **150克**
砂糖 **50克**
開心果醬 **20克**

La crème pâtissière
卡士達奶油醬
全脂鮮乳 **125克**
香草莢 **½根**
砂糖 **30克**
卡士達粉（poudre à flan）**5克**
麵粉 **5克**
蛋黃 **30克**
回軟奶油 **10克**

La meringue italienne
義式蛋白霜
礦泉水 **15克**
砂糖 **60克**
蛋白 **30克**

La crème au beurre 法式奶油霜
全脂鮮乳 **35克**
蛋黃 **30克**
砂糖 **15克**
室溫奶油 **150克**
義式蛋白霜 **70克**

La crème mousseline pistache
開心果慕斯林奶油醬
法式奶油霜 **300克**
開心果醬 **40克**
卡士達奶油醬 **70克**

La garniture 內餡
草莓 **400克**
草莓果醬
去皮且切碎的開心果

《這是經典草莓蛋糕的現代版，
使用了較輕盈、質地絲滑的法式奶油霜。
蒙特貝羅是一道我會隨著季節來裝飾的蛋糕，
有時用草莓，有時用覆盆子。》

製作打卦滋蛋糕體。將開心果切碎。混合糖粉、杏仁粉和切碎的開心果。分三次混入砂糖，將蛋白打成泡沫狀蛋白霜。用一些打發蛋白霜將開心果醬攪拌至軟化融合。用橡皮刮刀輕輕混入糖粉、杏仁粉、切碎的開心果，以及調均勻的開心果醬。填入裝有10號平口擠花嘴的擠花袋中。

—

旋風式烤箱預熱至170℃。

—

為直徑24公分、高2公分的慕斯圈刷上奶油，擺在鋪有烘焙專用烤盤紙的烤盤上。從慕斯圈的中央開始，朝邊緣擠出螺旋狀打卦滋麵糊，接著在邊緣緊密地擠出一顆顆的小麵球。篩上糖粉，入烤箱烤約30分鐘，一邊用木匙卡住烤箱門，讓門保持微開。烤好取出在網架上放涼。

—

...

228 製作卡士達奶油醬。將牛奶、剖開取籽的香草莢和糖以平底深鍋煮沸。另取一個碗混合卡士達粉、麵粉和蛋黃。加入三分之一的熱牛奶，一邊攪打，接著再全部倒回平底深鍋中煮沸。倒入沙拉攪拌盆中，移去香草莢，並置於裝有冰水的鍋中隔冰冷卻。當蛋奶醬降溫至60℃時，混入分成小塊的奶油。將保鮮膜緊貼在卡士達奶油醬表面，冷藏保存。

—

製作義式蛋白霜。將礦泉水和糖煮沸，煮至121℃。當糖漿達115℃時，開始將蛋白打成不要太硬的「鳥嘴狀」蛋白霜，以細流狀緩緩倒入煮至121℃的糖漿，一邊不停以中速攪打直到蛋白霜冷卻。

—

製作法式奶油霜。將牛奶以平底深鍋煮沸。另取一個碗混合蛋黃和糖，倒入部分煮沸的牛奶，一邊快速攪打，接著再全部倒回平底深鍋煮至85℃。倒入沙拉攪拌盆中，並置於裝有冰水的鍋中隔冰冷卻，接著以手持式電動攪拌棒攪打。在電動攪拌機碗中將奶油打至形成乳霜狀，緩緩混入冷卻的蛋奶醬，接著用手持刮刀輕輕混入義式蛋白霜。

—

製作開心果慕斯林奶油醬。攪打法式奶油霜3至4分鐘，加入開心果醬，接著是卡士達奶油醬，拌勻。填入裝有10號平口擠花嘴的擠花袋中，接著將開心果慕斯林奶油醬鋪在打卦滋蛋糕體底部。

—

製作內餡。將草莓去蒂。切半後勻稱地擺在開心果慕斯林奶油醬上。溫熱草莓果醬，並刷塗在草莓上。撒上去皮切碎的開心果裝飾。

LE MILLE-FEUILLE

千層派

千層派裡究竟有幾層？如果你考慮到，一張折疊派皮（pâte feuilletée）經過折疊、擀平的手續後，應該包含729層，而一塊千層派需要三張的派皮，就可得出2187的總數。但必須承認的是，這個數字不如「千（法文是mille）」說出來那麼響亮——千層酥脆輕盈的派皮，鋪上蘭姆酒或櫻桃酒風味的卡士達奶油醬（crème pâtissière），再加上糖粉、翻糖或皇家糖霜（glace royale）。這是法式糕點的顛峰之作，但如果沒有折疊派皮，這一切都不會發生。折疊派皮的技術很古老了，在羅馬與拜占庭時期便已存在，之後並成功地傳播至整個地中海流域。當時的麵團是用植物油製成的，而且是一層又一層用手工製作，需要耗費大量的勞力。

用奶油製成的折疊派皮，需折疊三次後靜置，旋轉後擀開，再折疊六次，這究竟是哪個天才發明的呢？流傳著幾個理論。其中之一，會令藝術與千層派的愛好者開心；這和克勞德‧洛蘭（Claude Gellée）有關，他被稱為克勞德‧洛林（Le Lorrain），是十七世紀的法國畫家，以風景畫和光輝的海景畫著稱。年輕的克勞德在12歲時成了孤兒，便去當糕點學徒。他離開法國、前往義大利，擔任貼身男僕（valet），後來又成為義大利畫家阿戈斯蒂諾‧塔斯（Agostino Tassi）的助手。他在那不勒斯（Naples）發現了這種作工精細麵團的第一種版本，之後再加以改良。

另一條詞源學的線索，將我們帶往一個世紀後，孔代親王（prince de Condé）的糕點師—弗耶（Feuillet）的廚房。事實上，正因起源朦朧不清，更讓人確定這神奇派皮的年代久遠，技術在安東尼‧卡漢姆（Antonin Carême）的年代之前，也不斷經過改良。

至於將折疊派皮組合成糕點、並放入奶油餡作為夾心，似乎則是相當近代的想法。在正式紀錄裡，千層派首次於1867年的瑟諾甜點（Seugnot's）中出現，這是巴黎巴克街（rue du Bac）上的一家糕點店。它成了店裡的招牌，每日售出上百份。它有吸引人的名字與細緻的結構，使這款糕點更優雅，烘烤後反而增加了體積。法國人將折疊派皮稱為膨脹麵團（pâte soufflée），"千層派 Mille-feuillée" 有時也稱為 "拿破崙 Napoleon"。這兩個名稱，正說明了這道糕點具有高度而又輕盈的矛盾之處。

Mille-feuille

千層派

準備時間
1小時

烹調時間
約50分鐘

冷藏時間
2小時

12個千層派

La pâte feuilletée inversée caramélisée 焦糖反折疊派皮
反折疊派皮 **2塊**（每塊400克）
（見268頁食譜）
砂糖 **80克**
糖粉 **40克**

La crème pâtissière
卡士達奶油醬
全脂鮮乳 **750克**
馬達加斯加香草莢 **3根**
砂糖 **195克**
卡士達粉（poudre à flan）**35克**
麵粉 **20克**
蛋黃 **180克**
回軟奶油 **75克**

Le glaçage 鏡面
礦泉水 **45克**
砂糖 **50克**
白色翻糖（fondant blanc）
350克
可可脂含量100%的無糖巧克力
50克

製作折疊派皮。將2塊麵團擀成厚1.5至2公釐的長方形。將每塊長方形派皮擺在鋪有濕潤的烘焙專用烤盤紙的烤盤上。用叉子在派皮上戳洞，冷藏靜置1至2小時。

—

製作卡士達奶油醬。將牛奶、剖開取籽的香草莢和糖以平底深鍋煮沸。混合卡士達粉、麵粉和蛋黃。加入三分之一的熱牛奶，一邊攪打，接著再全部倒回平底深鍋中煮沸。倒入沙拉攪拌盆中，移去香草莢，並置於裝有冰水的鍋中隔冰冷卻。當蛋奶醬降溫至60℃時，混入分成小塊的奶油。將保鮮膜緊貼在卡士達奶油醬表面，冷藏保存。

—

烤箱以180℃預熱。為長方形的折疊派皮撒上砂糖。放入180℃的烤箱中烤約40分鐘。烤10分鐘後，為折疊派皮蓋上烤架，並輕輕按壓（以免折疊派皮過度膨脹），再繼續烘烤。

—

將烤盤從烤箱中取出。移去烤架，為千層派皮蓋上烘焙專用烤盤紙，接著蓋上另一個同樣大小的烤盤。同時翻轉2個烤盤（讓千層派皮翻面），擺在工作檯上。去掉第一個烤盤和表面的烤盤紙，篩上糖粉，將烤盤放入230℃的烤箱，烤5至7分鐘以在表面形成焦糖，一邊留意烘烤狀況。

—

在一條大的布巾上，擺上第一個裝有焦糖折疊派皮的烤盤，焦糖亮面朝上。用鋸齒刀將派皮從寬邊切成三塊大小相等的長方形。為第一塊切好的長方形派皮鋪上四分之一的卡士達奶油醬，擺上第二塊長方形派皮，再鋪上四分之一的奶油醬，最後再蓋上最後一塊折疊派皮。第二個裝有折疊派皮的烤盤也以同樣方式處理。

—

製作鏡面。將礦泉水和糖煮沸。將白色翻糖加溫至35℃，接著加入糖漿，直到形成濃稠的質地，但又具有足夠的流動性能夠攤開。另外將巧克力加熱至融化，將融化巧克力倒入自製的紙錐（cornet）擠花袋中。

—

用抹刀在千層派表面鋪上薄薄一層翻糖。用裝有巧克力的紙錐在表面間隔地畫出約5公釐的線條，並用尖銳的刀在來回勾出條紋。冷藏保存30分鐘後，再將每塊千層派等分切成六塊。儘快品嚐。

2000 feuilles

2000層派

準備時間
2小時

烹調時間
約1小時10分鐘

冷藏時間
2小時

冷凍時間
1小時

12個千層派

La pâte feuilletée inversée caramélisée 焦糖反折疊派皮
反折疊派皮**2塊**（每塊400克）
（見268頁食譜）
砂糖**80克**
糖粉**40克**

Les noisettes torréfiées et concassées 烤榛果碎
皮埃蒙榛果**30克**
＋最後加工用榛果（或杏仁）
12顆

Le praliné feuilleté noisette
榛果千層帕林內
可可脂含量40%的Jivara吉瓦納
牛奶巧克力（Valrhona）**35克**
奶油**15克**
皮埃蒙純榛果醬**70克**
榛果味帕林內（praliné fruité noisette Valrhona）**70克**
法式薄餅捲（gavottes）**70克**
烤榛果碎**30克**

La crème pâtissière
卡士達奶油醬
全脂鮮乳**125克**
香草莢**½根**
砂糖**3克**
卡士達粉（poudre à flan）**5克**
麵粉**5克**
蛋黃**30克**
回軟奶油**12克**

La meringue italienne
義式蛋白霜
礦泉水**25克**
砂糖**85克**
蛋白**40克**

La crème au beurre 法式奶油霜
全脂鮮乳**90克**
蛋黃**70克**
砂糖**90克**
回軟奶油**375克**
義式蛋白霜**155克**

La crème au beurre praline
法式帕林內奶油霜
法式奶油霜**750克**
榛果味帕林內**150克**
皮埃蒙純榛果醬**120克**

La crème mousseline praline
帕林內慕斯林奶油醬
液狀鮮奶油**170克**
法式帕林內奶油霜**800克**
卡士達奶油醬**150克**

《這道甜點現在是巴黎皮耶艾曼糕點店的經典，但當初只是想對好奇者打個小暗號—我會創作出甚麼樣的糕點慶祝2000年的到來。它獨特的酥脆感，來自布列塔尼薄酥餅（crêpes dentelles bretonnes）或薄餅捲（gavottes）。我將酥脆的矩形帕林內（praline）放在柔軟的奶油餡夾心，與酥脆的折疊派皮之間，如此一來，2000層的糕點就立即加倍了！》

製作折疊派皮。將2個麵團擀成厚1.5至2公釐的長方形。將每塊長方形派皮擺在鋪有濕潤的烘焙專用烤盤紙的烤盤上。用叉子在派皮上戳洞，冷藏靜置1至2小時。

—

旋風式烤箱預熱至160℃。

—

準備榛果。將榛果放入烤箱，烤20分鐘。放入粗孔網篩中，用掌心滾動榛果以去皮。取12顆榛果，擺在一旁作為最後裝飾用（或另外焙炒12顆杏仁也可以）。用擀麵棍將其他的榛果壓碎。

—

製作榛果千層帕林內。將切碎的巧克力和奶油隔水加熱至融化。加入榛果醬、榛果味帕林內、弄碎的法式薄餅捲和壓碎的榛果，拌勻。用抹刀在烤盤上將帕林內鋪成2個30×13公分的長方形。冷凍1小時。

—

製作卡士達奶油醬。將牛奶、剖開取籽的香草莢和糖以平底深鍋煮沸。另外混合卡士達粉、麵粉和蛋黃。加入三分之一的熱牛奶，一邊攪打，接著再全部倒回平底深鍋中煮沸。倒入沙拉攪拌盆中，移去香草莢，並置於裝有冰水的鍋中隔冰冷卻。當蛋奶醬降溫至60℃時，混入分成小塊的奶油。將保鮮膜緊貼在卡士達奶油醬表面，冷藏保存。

—

...

234 製作義式蛋白霜。將礦泉水和糖煮沸，煮至121℃。當糖漿達115℃時，開始將蛋白打成不要太硬的「鳥嘴狀」蛋白霜，以細流狀緩緩倒入煮至121℃的糖，一邊不停以中速攪打直到蛋白霜冷卻。

—

製作法式奶油霜。將牛奶以平底深鍋煮沸。另外混合蛋黃和糖，倒入部分煮沸的牛奶，一邊快速攪打，接著再全部倒回平底深鍋煮至85℃。倒入沙拉攪拌盆中，並置於裝有冰水的鍋中隔冰冷卻，接著以手持式電動攪拌棒攪打。在電動攪拌機碗中將奶油打至形成乳霜狀，緩緩混入冷卻的蛋奶醬，接著用手持刮刀輕輕混入義式蛋白霜。

—

製作法式帕林內奶油霜。在裝有球狀攪拌棒的電動攪拌機的碗中，攪打法式奶油霜5分鐘，並混入榛果味帕林內和榛果醬至均勻。冷藏保存。

—

烤箱以180℃預熱。為長方形的折疊派皮撒上砂糖。放入180℃的烤箱中烤約40分鐘。烤10分鐘後，為折疊派皮蓋上烤架，並輕輕按壓（以免折疊派皮過度膨脹），再繼續烘烤。

—

將烤盤從烤箱中取出。移去烤架，為千層派皮蓋上烘焙專用烤盤紙，接著蓋上另一個同樣大小的烤盤。同時翻轉2個烤盤（讓千層派皮翻面），擺在工作檯上。去掉第一個烤盤和表面的烤盤紙，篩上糖粉，將烤盤放入230℃的烤箱，烤5至7分鐘以在表面形成焦糖，一邊留意烘烤狀況。

—

在一條大的布巾上，擺上第一個裝有焦糖折疊派皮的烤盤，焦糖亮面朝上。用鋸齒刀將派皮從寬邊切成三塊大小相等的長方形。

—

製作帕林內慕斯林奶油醬。在預先冰凍15分鐘的大型沙拉攪拌盆中，將液狀鮮奶油攪打成鮮奶油香醍。另一邊，在裝有球狀攪拌棒的電動攪拌機碗中攪打法式帕林內奶油霜幾分鐘，混入卡士達奶油醬，攪打2分鐘，再用橡皮刮刀攪拌混入鮮奶油香醍至均勻，將帕林內慕斯林奶油醬倒入無擠花嘴的擠花袋中，立即使用。

—

為第一塊切成長方形的折疊派皮均勻地鋪上125克的帕林內慕斯林奶油醬，接著擺上一塊尚未解凍的長方形榛果千層帕林內。擺上第二塊長方形的折疊派皮，鋪上125克的帕林內慕斯林奶油醬，再蓋上最後一塊長方形的折疊派皮。第二個裝有焦糖折疊派皮的烤盤也以同樣方式處理。

—

冷藏保存30分鐘後，再將每塊千層派等分切成六塊。以焙炒過的整顆榛果（或杏仁）裝飾。儘快品嚐。

LE MOKA

摩卡蛋糕

一

幾乎一百年來，摩卡蛋糕都是最佳的節慶甜點（le dessert festif），直到模仿的歐培拉蛋糕（opéra）因為更容易製作，而將摩卡蛋糕趕下王位。為何摩卡蛋糕叫做「摩卡」？摩卡（Moka 或 Mocha）是葉門的一個古老港口，在十七世紀前，完全壟斷了咖啡到歐洲的出口。埃米爾‧利特（Émile Littré）引用了伏爾泰（Voltaire）的話說：「在摩卡、於阿拉伯沙漠中成熟，這些咖啡是白雪靄靄國度最需要的」。漸漸地，摩卡便用來稱呼上等咖啡，比一般的咖啡更芳香濃郁。晚宴時，人們開始說，我要一杯「摩卡」而非「咖啡」，好讓自己聽起來更時髦。

1857年，巴黎的糕點師吉雷（Quillet），發明了一種極為光滑的奶油，稱為「吉耶奶油 crème à Quillet」，要一邊長時間攪打蛋黃、以細流狀注入的糖漿，和混入一小塊一小塊軟化的奶油丁，持續的攪打直到冷卻。神祕的奶油霜（crème au beurre）就此誕生，這位糕點師還想到用咖啡或巧克力來調味。

至於將蛋糕命名為「摩卡」，則是吉納（Guignard）的點子，他是布齊街（rue de Buci）吉雷糕點店的接班人。為了組裝十九世紀風行的多層蛋糕（génoise）平均橫切成三塊圓餅，並以咖啡糖漿浸潤，在每兩層之間都塗上以咖啡調味的奶油霜（crème au beurre）。依當時的習俗，蛋糕的表面和周圍也塗上相同的奶油霜，再撒上碎杏仁。頂層再華麗的擠上藤蔓狀玫瑰花裝飾。或許就是因為這種傳統的裝飾方式，另一名法國糕點師皮耶‧立康（Pierre Lacam）在十九世紀晚期曾說：「摩卡蛋糕已經有點落伍了，但它還是會持續受到大家的歡迎。」

Moka

摩卡蛋糕

準備時間
1小時（提前2天）

烹調時間
約1小時

冷藏時間
3小時

6至8人份

La génoise café
咖啡熱內亞蛋糕
全蛋 **300** 克
砂糖 **200** 克
礦泉水 **30** 克
即溶咖啡粉 **10** 克
液態天然咖啡精（extrait naturel de café liquide）**30** 克
麵粉 **200** 克

La crème au beurre café
法式咖啡奶油霜
礦泉水 **25** 克
砂糖 **70** 克
蛋黃 **20** 克
全蛋 **50** 克
極軟的奶油 **200** 克

礦泉水 **15** 克
即溶咖啡粉 **5** 克
液態天然咖啡精 **15** 克

提前2日，製作摩卡蛋糕。奶油霜和蛋糕體之間會產生滲透作用，讓味道和口感更為高雅。

—

旋風式烤箱預熱至150℃。

—

將最後完成用的碎杏仁放入熱烤箱烤10分鐘。取出放涼。

—

旋風式烤箱預熱至190℃。為直徑24公分的高邊烤模刷上奶油並撒上麵粉，再倒出多餘麵粉。

—

製作熱內亞蛋糕。將奶油加熱至融化。將電動攪拌機的碗懸在一鍋微滾的水中，在碗中攪打蛋和糖，直到溫度達55至60℃，將碗取出，持續用電動攪拌機以高速攪打至蛋液的體積膨脹為3倍且冷卻。加熱礦泉水，讓即溶咖啡粉溶解。在打發的蛋液中加入調好的即溶咖啡和咖啡精。在冷卻的融化奶油中混入2大匙打發的蛋液。在蛋液中混入過篩的麵粉，接著是融化的奶油和蛋液的混料，拌勻。倒入模型中，入烤箱烤25至30分鐘。出爐後5分鐘脫模，置於網架上放涼。

—

製作法式咖啡奶油霜。將礦泉水和糖煮沸，一煮沸就用濕潤的刷子擦拭平底深鍋邊緣避免糖結晶掉入，煮至120℃。攪打蛋黃和全蛋至泛白，將煮至120℃的糖漿緩緩倒入，一邊持續攪打至完全冷卻。

—

在電動攪拌機的碗中將奶油打至形成乳霜狀，混入上一個步驟打發的蛋與糖漿中。持續攪打至奶油醬變得平滑。

—

在熱的礦泉水中溶解即溶咖啡粉，並加入咖啡精。倒進奶油霜中，持續將咖啡奶油霜攪打至平滑，接著冷藏保存。

—

製作卡士達奶油醬。將牛奶、剖開取籽的香草莢和糖以平底深鍋煮沸。混合卡士達粉、麵粉和蛋黃。加入三分之一的熱牛奶，一邊攪打，接著再全部倒回平底深鍋中煮沸。倒入沙拉攪拌盆中，移去香草莢，並置於裝有冰水的鍋中隔冰冷卻。當蛋奶醬降溫至60℃時，混入分成小塊的奶油。將保鮮膜緊貼在卡士達奶油醬表面，冷藏保存。

—

La crème pâtissière
卡士達奶油醬
全脂鮮乳 **250** 克
香草莢 **½** 根
砂糖 **60** 克
卡士達粉（poudre à flan）**20** 克
麵粉 **5** 克
蛋黃 **60** 克
室溫奶油 **25** 克

Le sirop d'imbibage au café
咖啡糖漿
礦泉水 **300** 克
哥倫比亞咖啡粉 **100** 克

礦泉水 **75** 克
砂糖 **70** 克

La crème légère moka
摩卡清爽卡士達奶油醬
液狀鮮奶油 **45** 克
礦泉水 **1½** 大匙
咖啡醬（pâte de café）**20** 克
室溫奶油 **65** 克
卡士達奶油醬 **265** 克

最後完成
切碎杏仁 **150** 克
巧克力咖啡豆

製作咖啡糖漿。將300克的礦泉水煮沸，加入咖啡粉並立即過濾，將75克的礦泉水和糖煮沸。和咖啡液混合。

—

製作摩卡清爽卡士達奶油醬。用電動攪拌機將液狀鮮奶油攪打成打發鮮奶油。用熱的礦泉水溶解咖啡醬。攪打室溫奶油5分鐘，加入卡士達奶油醬、溶解的咖啡醬和打發鮮奶油。

—

製作直徑25公分的紙板。將咖啡熱內亞蛋糕橫切成3塊同樣厚度的圓餅狀。將第一塊蛋糕體擺在紙板上，用蘸取咖啡糖漿的濕潤刷子刷塗浸潤。鋪上一半的摩卡清爽卡士達奶油醬，蓋上第二塊圓餅，以大量咖啡糖漿浸潤。最後鋪上剩餘的摩卡清爽卡士達奶油醬，再蓋上第三塊圓餅並稍微按壓。以咖啡糖漿稍微浸潤。將可能流下的奶油醬抹平。將摩卡蛋糕冷藏保存3小時。

—

將摩卡蛋糕從冰箱取出。一手拿著蛋糕，另一手為蛋糕周圍抹上法式咖啡奶油霜，將邊緣和表面抹平。在摩卡蛋糕周圍鋪上烤過的碎杏仁，將剩餘的法式咖啡奶油霜倒入裝有D8星形擠花嘴的擠花袋中，在摩卡蛋糕表面沿著周圍，擠出貝殼形狀的奶油霜，並以外裹巧克力的咖啡豆進行裝飾。將摩卡蛋糕冷藏保存2日。

—

品嚐前1小時將摩卡蛋糕從冰箱中取出。

Tarte Infiniment Café

咖啡無限塔

準備時間
5分鐘（前一天）
+35分鐘（當天）

烹調時間
約40分鐘

冷藏時間
2小時

6至8人份

La crème Chantilly au café
咖啡鮮奶油香醍
吉利丁片 **3克**
液狀鮮奶油 **500克**
咖啡粉 **35克**
砂糖 **15克**

Le fond de tarte 塔底
甜酥麵團 **350克**
（見88頁的食譜）

La ganache au café
咖啡甘那許
伊芙兒覆蓋白巧克力
（couverture Ivoire Valrhona）
195克
液狀鮮奶油 **140克**
咖啡粉 **15克**

Le café fort 濃咖啡
礦泉水 **150克**
咖啡粉 **50克**

Le sirop d'imbibage au café
fort 濃咖啡糖漿
礦泉水 **60克**
砂糖 **60克**
濃咖啡 **100克**

足量的指形蛋糕體

最後完成
巧克力咖啡豆

《當我品嚐一杯加了鮮奶油的
維也納咖啡時，便有了創作這道食譜的靈感。
我清楚記得那格外滑順的口感、
輕盈的打發鮮奶油混合了濃烈的咖啡。
一種純粹的享受！》

前一天，製作咖啡鮮奶油香醍。用冷水浸泡吉利丁20分鐘，讓吉利丁軟化。將鮮奶油煮沸，加入咖啡粉並立即過濾。再加入糖和瀝乾的吉利丁溶化，接著用打蛋器拌勻。在冷卻的咖啡鮮奶油表面緊貼上保鮮膜。冷藏保存至隔天。

—

當天，製作塔底。在撒有麵粉的工作檯上將甜酥麵團擀成直徑32公分的圓形餅皮。為直徑26公分的慕斯圈刷上奶油。放入餅皮，切去多餘的部分，冷藏保存1小時。

—

旋風式烤箱預熱至170℃。

—

為餅皮鋪上邊緣剪成細條狀流蘇的烘焙專用烤盤紙，放入豆子，入烤箱烤20分鐘。

—

將烤盤紙和豆子移除，再讓塔底續烤5分鐘。在網架上放涼，接著移去慕斯圈。

—

製作咖啡甘那許。用鋸齒刀將伊芙兒覆蓋白巧克力切碎並放入大碗中。將鮮奶油煮沸，並加入咖啡粉立即過濾。分三次將煮沸的鮮奶油倒入巧克力中央，一邊以同心圓方式攪拌，再用手持式電動攪拌棒攪打均勻。

—

製作濃咖啡。將礦泉水煮沸，加入咖啡粉並立即過濾。

—

製作糖漿。將礦泉水和糖煮沸，加入濃咖啡，拌勻後放涼。

—

在烤好的塔底內鋪上一半的咖啡甘那許。以濃咖啡糖漿浸潤指形蛋糕體，將指形蛋糕體並排地擺在甘那許上，再鋪上剩餘的咖啡甘那許至與塔邊緣齊高。冷藏保存1小時。

—

此時，將沙拉攪拌盆冷凍15分鐘。在冰過的沙拉攪拌盆中，將咖啡鮮奶油攪打成結實的咖啡鮮奶油香醍。倒入裝有大型平口擠花嘴的擠花袋中。在塔上擠出等大的咖啡鮮奶油球。以外裹巧克力的咖啡豆進行裝飾。立即品嚐。

L'OPÉRA

歐培拉（歌劇院）

—

歐培拉蛋糕（opéra歌劇院）於1955年才登場，展現出它完美平滑的巧克力鏡面，與嚴格整齊的內部層次。看起來真的棒極了！但當時仍然流行有高度的甜點，並充滿花俏的裝飾，外表和內餡都要有大量的奶油餡。歐培拉蛋糕領先了它所處的時代，並未受到大眾的熱烈擁抱。然而，它最後終於雪恥，征服了歐洲和遠東。

幾乎所有人都同意，這道具驚人現代感的磚形糕點，是西希亞克·蓋維龍（Cyriaque Gavillon）的發明，他是達洛約之家（Maison Dalloyau）的糕點師兼所有者—雖然賈斯通·雷諾特（Gaston Lenôtre）幾年後改良了歐培拉蛋糕。他想做出較輕盈的甜點，因此捨棄了酒精—在此之前，大家都習慣用酒來增添風味—並減少了糖的分量。他也想做出風味更集中的糕點，一口咬下就能感受到完整的質感與和諧。他的「另類」蛋糕，份量變小，以三層義式杏仁海綿蛋糕（法文稱為joconde）組成，蛋糕浸過咖啡糖漿，並抹上法式咖啡奶油霜和巧克力甘那許做夾心。表面則是厚厚的巧克力鏡面。它的名稱則由西希亞克的妻子命名為opéra，以向巴黎歌劇院致敬。

但是這款優雅的蛋糕，是否就是一個世紀前大受歡迎，摩卡蛋糕的回聲呢？研究這款蛋糕歷史的飲食歷史學家也發現，克里許Clichy—由路易·克里許（Louis Clichy）在1918年左右所創造的一款蛋糕，他是福煦元帥（maréchal Foch）在第一次世界大戰時的廚師—和達洛約之家的歐培拉蛋糕太像了，這令人感到困惑。後來我們知道，原來在1955年，路易·克里許將他的生意賣給了馬塞爾·比加（Marcel Bugat），同時也提供了克里許Clichy這款蛋糕的秘密配方。而比加的連襟之一，就是西希亞克·蓋維龍。他在家族聚餐時嚐到了這款蛋糕，便決定以歐培拉之名重新在他的店裡販售。

蛋糕的歷史，本來就是一連串的重演與轉變。偉大的賈斯通·雷諾特（Gaston Lenôtre）在數年後，拒絕承認自己是歐培拉蛋糕的發明人。但我們至少可以確定，是蓋維龍先生和太太為他們的蛋糕，賦予了歐培拉（opéra歌劇院）這個名稱，戲劇感十足，比叫克里許Clichy生動多了。

Opéra de la Maison Dalloyau

達洛約的歐培拉蛋糕

達洛約之家（Maison Dalloyau）
於 1955 年創作的食譜

準備時間
45 分鐘

烹調時間
約 10 分鐘

冷藏時間
2 小時

8 人份

Le biscuit 蛋糕體
奶油 **25 克**
杏仁粉 **125 克**
砂糖 **145 克**
全蛋 **200 克**
蛋白 **120 克**

Le sirop d'imbibage au café
咖啡糖漿
礦泉水 **110 克**
砂糖 **100 克**
即溶咖啡粉 **10 克**

La crème au beurre café
法式咖啡奶油霜
礦泉水 **25 克**
砂糖 **90 克**
香草莢 **½ 根**
全蛋 **100 克**
室溫奶油 **170 克**
調好的即溶咖啡液 **10 克**

La ganache au chocolat
巧克力甘那許
可可脂 70% 的黑巧克力 **80 克**
全脂鮮乳 **40 克**
液狀鮮奶油 **10 克**
奶油 **20 克**

Le glaçage au chocolat
巧克力鏡面
可可脂 70% 的黑巧克力 **100 克**
可可脂（beurre de cacao）**50 克**

旋風式烤箱預熱至 210℃。

—

製作蛋糕體。將奶油加熱至融化。用 20 克的糖以電動攪拌機將蛋白打發成蛋白霜。以另一個攪拌缸用電動攪拌機攪打杏仁粉、125 克的糖和全蛋。加入融化的奶油和蛋白霜，將麵糊攪拌至均勻平滑。

—

將麵糊倒在鋪有烘焙專用烤盤紙的烤盤上，平整表面。入烤箱烤約 10 分鐘。一出爐就將蛋糕體擺在工作檯上，切成三個同等大小的長方形，每個約 24×18 公分。

—

製作糖漿。將 40 克的礦泉水和糖煮沸。將即溶咖啡粉摻入剩餘的 70 克礦泉水中，煮沸。取 10 克的咖啡液，用來製作法式奶油霜。將剩餘的咖啡液混入糖漿中，放涼。

—

製作法式咖啡奶油霜。以小火加熱礦泉水、糖和半根剖開取籽的香草莢。攪打全蛋至打發，接著緩緩倒入煮沸的香草糖漿，持續攪打至完全冷卻。混入室溫奶油拌勻，並加入調好的咖啡液。

—

製作甘那許。用鋸齒刀將巧克力切碎。將牛奶和鮮奶油煮沸。分三次淋在切碎的巧克力上，一邊從中央向外攪拌。加入奶油，將甘那許攪拌至平滑。

—

製作鏡面。用鋸齒刀將巧克力切碎。將可可脂加熱至融化，倒入切碎的巧克力中並拌勻。

—

在長方形的慕斯圈中，擺入第一層蛋糕體。用刷子刷上咖啡糖漿，鋪上一半的法式咖啡奶油霜，抹平。接著擺上第二層蛋糕體，以咖啡糖漿浸潤，鋪上全部的巧克力甘那許，抹平並蓋上第三層浸潤的蛋糕體，再鋪上另一半的法式咖啡奶油霜，均勻抹平後再淋上巧克力鏡面。冷藏保存 2 小時。將歐培拉蛋糕從冰箱取出後 20 至 30 分鐘再移去慕斯圈，品嚐。

Opéra « à ma façon »

皮耶艾曼特製歐培拉

準備時間
1小時

烹調時間
約40分鐘

冷藏時間
約3小時

8人份

**Les disques de chocolat noir
黑巧克力圓片**
可可脂含量70%的Guanaja瓜納拉黑巧克力（Valrhona）**330克**
玉米油**25克**
核桃油**25克**

Le feuilletage 千層派
反折疊派皮**200克**
（見268頁食譜）
砂糖
糖粉

**La meringue italienne
義式蛋白霜**
礦泉水**30克**
砂糖**100克**
蛋白**50克**

**La crème au beurre café
法式咖啡奶油霜**
全脂鮮乳**80克**
即溶咖啡粉**12克**
蛋黃**45克**
砂糖**45克**
奶油**250克**
義式蛋白霜**120克**

最後完成
金箔**1片**

《*這款蛋糕的風味
和經典歐培拉蛋糕相同，
但口感不同。
焦糖化的折疊派皮變得酥脆而輕盈，
黑巧克力片微冷堅硬，
法式咖啡奶油霜則有著絲般滑順的美味。*》

製作巧克力圓片。在隔水加熱鍋中，將用鋸齒刀切碎的巧克力隔水加熱至融化。溫度不可超過60℃。將巧克力從鍋中取出，並混入2種油。不時攪拌巧克力，直到溫度降至27℃。再放回隔水加熱鍋中，以小火加熱，一邊攪拌至溫度升至31℃。

—

將調溫後的巧克力鋪在透明塑膠片（feuille de Rhodoid）上。當巧克力開始凝固時，用刀尖劃出3個直徑22公分的圓。蓋上烤盤紙，並用重物壓住表面，以免巧克力變形。冷藏保存2至3小時。

—

製作千層派。將折疊派皮擀成直徑25公分的圓形派皮。擺在鋪有濕潤烘焙專用烤盤紙的烤盤上。用叉子戳洞，冷藏靜置1至2小時。

—

旋風式烤箱預熱至210℃。

—

為折疊派皮撒上砂糖，放進烤箱，並立即將溫度調低為180℃。烤10分鐘，接著為圓形派皮蓋上烤架和烤盤。繼續烤20分鐘，接著去掉烤架和烤盤，最後再烤5至10分鐘。將折疊派皮從烤箱中取出，蓋上烘焙專用烤盤紙，接著疊上和第一個烤盤同等大小的烤盤，將二個烤盤翻轉讓派皮翻面。擺在工作檯上，接著將上面的烤盤和烤盤紙移去，在派皮上篩糖粉，放進230℃的烤箱，烤5至7分鐘，將表面烤成焦糖。

—

...

246 製作義式蛋白霜。將礦泉水和糖煮沸，煮至121℃。當糖漿達115℃時，開始將蛋白打成「鳥嘴狀」即不要太硬的蛋白霜。以細流狀緩緩倒入煮至121℃的糖漿，持續不停以中速攪打至蛋白霜冷卻。

—

製作法式咖啡奶油霜。將牛奶以平底深鍋煮沸，加入咖啡粉，立即過濾。另取一個碗混合蛋黃和糖，倒入咖啡牛奶並拌勻。再將全部材料倒回平底深鍋煮至85℃，不停攪拌。倒入碗中，下墊裝有冰塊的容器，讓咖啡蛋奶醬冷卻。在電動攪拌機的碗中攪打奶油10分鐘，緩緩混入冷卻的咖啡蛋奶醬，接著是義式蛋白霜。將完成的咖啡奶油霜倒入裝有10號平口擠花嘴的擠花袋中。

—

將一片巧克力圓片擺在紙板上。從距巧克力圓片邊緣5公釐處開始擠出一圈球狀的法式咖啡奶油霜，接著在中央擠出螺旋狀的咖啡奶油霜。以同樣方式完成另外兩層，最後擺上焦糖千層派皮。冷藏凝固30分鐘，接著將特製歐培拉倒扣，並以金箔在巧克力圓片上裝飾。

巴黎布列斯特泡芙
LE PARIS-BREST

當一口咬下滿溢奶油醬的柔軟泡芙，巴黎布列斯特泡芙的愛好者，應該要感念自行車選手—因為他們最愛的甜點，就是為了向第一屆巴黎布列斯特自行車賽致敬，由皮耶‧杰法（Pierre Giffard）於1891年創作。這場比賽有長1 200公里的環狀路線，是由《小報Petit Journal》的老闆為了宣導自行車的好處而舉辦。最後一屆的比賽是1951年，但經由這道受歡迎的甜點，巴黎布列斯特自行車賽仍活在我們的心中。

可是誰想到用輪胎的形狀來創作出這道糕點呢？有人說是一位糕點師，或甚至是麵包師，他的店在邁松拉菲特（Maisons-Laffitte），巴黎西北方的一個小鎮，也是第一屆巴黎布列斯特自行車賽的起點。也有人提出路易‧杜洪（Louis Durand）的名字，他是聖日耳曼森林（la forêt de Saint-Germain）裡的一名糕點師。據說他在8年後，也就是當這場比賽已成為國際賽事、正式舉辦第二屆的1909年，創造了這款糕點。還有人提到克勞德‧吉貝（Claude Gerbet），吉貝馬卡龍（macarons Gerbet）的發明人，他當時在沙特爾（Chartres）營業，該城也是巴黎布列斯特自行車賽經過的一站。

最後一個版本，雖然荒謬但很有意思，證明了糕點史就向其他的歷史一樣，經常用來為敘述者捍衛自己的利益。自行車賽的終點是巴黎，布列斯特的市民因而無法從結束時的慶祝活動中受益，對此感到不滿、想彌補這種不公，城裡的一位糕點師以桂冠的形狀，創作了一道糕點，因為這是羅馬時代勝利者的象徵。然而，這個故事有許多可疑之處。就算這裡的卡士達奶油醬（crème pâtissière）像花環好了，圓圈形的泡芙外殼還是更接近輪胎的形狀。

原始的配方至今幾乎沒有更動。環形泡芙外殼是用擠花嘴在慕斯圈（flan ring）內擠出三道麵糊，再加上珍珠糖和切碎的杏仁或杏仁片。烘烤的時間需要掌握得很精確，使泡芙不會太乾或太軟。依烤箱而定，但烤箱門需要敞開並固定住，才能使蒸氣散出，以免泡芙殼塌陷。冷卻後，環形泡芙外殼要立即脫模、切半，以清爽帕林內慕斯林奶油醬（crème mousseline légère au pralin）裝飾。正統做法要求使用六齒的星形擠花嘴，亦稱為「巴黎布列斯特擠花嘴」。在泡芙外殼內擠出大量條狀奶油醬的精細織紋，成了裝飾中不可或缺的一環。它毫無不良氣味的成功模仿了著名的自行車輪。

Paris-brest

巴黎布列斯特泡芙

準備時間
35分鐘

烹調時間
約1小時15分鐘

6人份

La pâte à choux 泡芙麵糊
礦泉水 **100克**
全脂鮮乳 **100克**
砂糖 **4克**
給宏德鹽之花 **4克**
奶油 **90克**
麵粉 **110克**
全蛋 **200克**

珍珠糖（sucre en grains）**50克**
切碎的杏仁 **50克**

Les noisettes caramélisées et concassées 焦糖碎榛果
皮埃蒙榛果 **300克**
礦泉水 **50克**
砂糖 **150克**
香草莢 **1根**
給宏德鹽之花 **1克**

La crème pâtissière
卡士達奶油醬
全脂鮮乳 **125克**
香草莢 **½根**
砂糖 **30克**
卡士達粉（poudre à flan）**5克**
麵粉 **5克**
蛋黃 **30克**
室溫奶油 **12克**

La crème mousseline praliné noisette
榛果帕林內慕斯林奶油醬
礦泉水 **20克**
砂糖 **50克**
蛋黃 **30克**
全蛋 **150克**
極軟的奶油 **135克**
榛果帕林內（praliné noisette）
90克
卡士達奶油醬 **200克**

最後完成
糖粉

旋風式烤箱預熱至200℃。

—

製作泡芙麵糊。將礦泉水、牛奶、糖、鹽之花和奶油煮沸。倒入麵粉，快速攪拌至麵糊變得平滑有光澤，持續攪拌加熱至麵糊脫離鍋邊。將麵糊倒入沙拉攪拌盆中，混入蛋，一次一顆持續攪拌，每次都拌至完全均勻。將麵糊填入裝有BF18緊密小齒形擠花嘴的擠花袋中。

—

在第一個烤盤上，以烘焙專用烤盤紙上描出1個直徑22公分的圓，並將紙在烤盤上翻面。在圓圈內擠出第1條泡芙麵糊，接著在第1條麵糊內側，擠出第2條並排的麵糊。在這二條麵糊中間擠出第3條麵糊。立刻撒上珍珠糖和切碎的杏仁。

—

在第二個烤盤上，以烘焙專用烤盤紙上描出1個直徑19公分的圓，並將紙在烤盤上翻面。在圓圈內擠出1條直徑19公分的環狀麵糊。立刻將二個烤盤放入烤箱，並將烤箱熄火。10分鐘後再開火，以170℃繼續烤約30分鐘。最後的10分鐘，用木匙卡住烤箱門，讓門保持微開。在網架上放涼。

—

旋風式烤箱預熱至160℃。

—

製作焦糖碎榛果。將榛果放入烤箱，烤20分鐘。倒入粗孔網篩中，用掌心滾動榛果以去皮。將礦泉水、糖和剖開取籽的香草莢以平底深鍋煮沸。煮至118℃離火，接著倒入榛果。在糖漿中翻拌榛果，讓榛果的周圍形成糖的結晶。再以中火加熱平底深鍋，直到形成深琥珀色的焦糖。撒上鹽之花，立刻倒入塗了油的烤盤中。將香草莢取出並將榛果放涼。將80克的榛果約略切碎，保留剩餘的整粒榛果。

—

製作卡士達奶油醬。將牛奶、半根縱向剖開取籽的香草莢和糖一起煮沸。用打蛋器混合卡士達粉、麵粉和蛋黃，加入三分之一的熱牛奶，一邊攪拌，接著再將所有材料倒回平底深鍋中煮沸。倒入沙拉攪拌盆中，下墊裝有冰水的鍋中隔冰冷卻。移去香草莢，在蛋奶醬降溫至60℃時，混入分成小塊的奶油。緊貼著表面鋪上保鮮膜，冷藏保存至使用時。

—

製作榛果帕林內慕斯林奶油醬。將礦泉水和糖以平底深鍋煮沸。煮沸時，用濕潤的刷子擦拭平底深鍋邊緣，煮至121℃。在裝有球狀攪拌棒的電動攪拌機碗中，攪打蛋黃和全蛋至泛白，緩緩倒入煮至121℃的糖漿，繼續攪打至完全冷卻。在另一個電動攪拌機的碗中，將奶油攪打至形成乳霜狀。混入剛剛打好的全蛋糊與糖漿，接著加入榛果帕林內，繼續攪打至奶油醬變得平滑。混入卡士達奶油醬，一邊攪打全部材料至均勻。立即將榛果帕林內慕斯林奶油醬倒入裝有8號星形擠花嘴的擠花袋中。

—

將3個環狀的巴黎布列斯特泡芙從中央略偏上方處橫剖。為上層的泡芙蓋表面篩上薄薄一層的糖粉。在環狀泡芙的底部用約三分之一的帕林內慕斯林奶油醬擠出一個小小螺旋狀。撒上焦糖碎榛果，接著擺上單圈的泡芙外殼。以帕林內慕斯林奶油醬在單圈的泡芙外殼上來回擠出如編織狀花紋，並讓奶油醬稍微超出環狀的泡芙外殼。蓋上撒有糖粉的泡芙蓋。立即品嚐。

Paris-brest Ispahan

巴黎布列斯特伊斯巴翁泡芙

準備時間
5分鐘（前一天）
+30分鐘（當天）

烹調時間
約35分鐘

12個巴黎布列斯特泡芙

La pâte à choux 泡芙麵糊
礦泉水 **100克**
全脂鮮乳 **100克**
砂糖 **4克**
給宏德鹽之花 **4克**
奶油 **90克**
麵粉 **110克**
全蛋 **200克**

珍珠糖 **50克**
切碎的杏仁 **50克**

La crème anglaise à la rose
玫瑰英式奶油醬
吉利丁片 **4克**
液狀鮮奶油 **225克**
蛋黃 **50克**
砂糖 **65克**
玫瑰糖漿 **30克**
玫瑰香萃（essence alcoolique
de rose）**3.5克**

《大家都認識傳統榛果帕林內口味的
巴黎布列斯特泡芙，對我來說，
就代表了秋天或冬天的味道。
利用招牌風味之一的伊斯巴翁（Ispahan），
我想要做出一點新的東西─荔枝和覆盆子的
果香，混合了一絲玫瑰的花香調。》

前一天，將最後完成用的荔枝瀝乾。將每顆荔枝切成3至4
塊，瀝乾至隔天。

—

製作泡芙麵糊。將礦泉水、牛奶、糖、鹽之花和奶油煮沸。
倒入麵粉，快速攪拌至麵糊變得平滑有光澤，持續攪拌加熱
至麵糊脫離鍋邊。將麵糊倒入沙拉攪拌盆中，混入蛋，一次
一顆持續攪拌至均勻。將麵糊填入裝有＃BF18緊密小齒形
擠花嘴的擠花袋中。

—

在鋪有烘焙專用烤盤紙的烤盤上，擠出12個直徑7公分的
環形麵糊。混合珍珠糖和切碎的杏仁，撒在泡芙麵糊上。

—

旋風式烤箱預熱至200℃。

—

將烤盤放入烤箱，立刻熄火。10分鐘後再開火，以170℃
繼續烤約20分鐘。最後10分鐘，用木匙卡住烤箱門，讓門
保持微開。烤好後取出泡芙在網架上放涼。

La crème de mascarpone à la rose 玫瑰瑪斯卡邦起司醬
瑪斯卡邦起司 **250** 克
玫瑰英式奶油醬 **375** 克

最後完成
荔枝 **1** 盒（255克）
糖粉
覆盆子 **3** 盒
無農藥玫瑰花瓣（未經加工處理）

製作玫瑰英式奶油醬。用冷水浸泡吉利丁 20 分鐘。將鮮奶油以平底深鍋煮沸。混合蛋黃和糖拌勻，倒入煮沸的鮮奶油，一邊攪打。再將蛋奶醬倒回平底深鍋中，一邊攪拌一邊加熱至達 85℃。混入瀝乾的吉利丁溶化，接著加入糖漿和玫瑰香萃。用手持式電動攪拌棒攪打至均勻，放涼。

—

製作玫瑰瑪斯卡邦起司醬。將瑪斯卡邦起司攪打至平滑，接著混入玫瑰英式奶油醬至均勻。將玫瑰瑪斯卡邦起司醬倒入裝有 #BF18 緊密小齒形擠花嘴的擠花袋中。

—

將巴黎布列斯特泡芙從中央略偏上方處橫剖。為上層的泡芙蓋表面篩上薄薄一層的糖粉。在泡芙底部擠上薄薄一層玫瑰瑪斯卡邦起司醬，接著擺上覆盆子和荔枝塊。在缺口處擠出如編織狀花紋，並讓玫瑰瑪斯卡邦起司醬稍微超出環狀的泡芙外殼。蓋上泡芙頂蓋，接著以玫瑰花瓣和覆盆子裝飾。品嚐。

LA PÊCHE MELBA

蜜桃梅爾芭

—

每個人，或幾乎是每個人，都知道蜜桃梅爾芭的名字來自奧古斯特·埃斯科菲耶（Auguste Escoffier）欣賞的一名歌劇演唱家。但其中命名的經過，以及這位歌唱女伶—納莉·梅爾芭（Nellie Melba）的盛名（她在世時幾乎和瑪麗亞·卡拉絲Maria Callas同等知名），相對的鮮為人知。

海倫·波特·米契爾（Helen Porter Mitchell）是誕生於1861年的澳洲人，當她首度在墨爾本登台歌唱時，自取藝名為梅爾芭（Melba）。她在布魯塞爾表演了幾場音樂會後，以清亮的歌聲及出色的舞台表現受到了矚目。她成了倫敦柯芬園歌劇院（Covent Garden Opéra House）的台柱，並受到威爾第（Verdi）、普契尼（Puccini）和托斯卡尼尼（Toscanini）等人的讚賞。躍為社會名流，為歐洲各國的王公貴族表演。她每一季在柯芬園的演出，都能帶來可觀的收入，並在薩瓦飯店（Savoy Hotel）租了一間可俯瞰泰晤士河（Tamise）的豪華套房。就在這裡，她和1890年起即主掌飯店廚房的埃斯科菲耶結識。

梅爾芭夫人送給這位主廚她所主演《羅恩格林Lohengrin》的票。埃斯科菲耶對其中「天鵝騎士chevalier au cygne」的故事印象深刻，並被這名女高音的歌聲感動，第二天便設計出一道新的甜點，向『天后梅爾芭』致敬。他用冰塊鑿出一隻天鵝，在翅膀之間插入一個銀杯，在銀杯中放入柔軟、剛好成熟的桃子，下層是香草冰淇淋，整個甜點都淋上了覆盆子果泥。當時，這道甜點甚至還蓋上了一層糖絲（sucre fié）做成的面紗。

埃斯科菲耶很喜歡以薩瓦飯店的名人房客，來替他的菜色命名。他的食譜書裡，充斥著草莓莎拉伯恩哈特（fraises Sarah Bernhardt）、蜜桃艾德麗安（pêches Adrienne）、蜜桃愛格隆（pêches Aiglon）、蜜桃伊莎貝拉（pêches Isabelle）、蜜桃小公爵（pêches Petit Duc）、蜜桃特安儂（pêches Trianon）、洋梨費利西亞（poires Félicia）、洋梨瑪琍葛登（poires Mary Garden）（瑪琍葛登也是女高音，只是來自蘇格蘭）。在鹹食菜餚中，也能看到柯拉·珀爾羊菲力（noisettes d'agneau Cora Pearl）（柯拉·珀爾是著名的花魁）、喬治桑白醬燴雞（le suprême de poulet George Sand）、歐仁妮沙拉（la salade Eugénie），以及加里波底餡餅（la timbale Garibaldi）。據說蘇塞特可麗餅／火焰可麗餅（crêpes Suzette）也出自他的作品，這裡也流傳著一個有意思的故事。埃斯科菲耶為加勒王子（prince de Galles），也就是未來的愛德華七世（Édouard VII），獻上了一道精采的可麗餅甜點，並以王子為名，加勒王子卻展現出騎士風度，建議以女主人的名字，蘇珊娜（人稱蘇塞特Suzette）來命名。她是否就是當時著名法國男爵夫人兼女演員—蘇珊娜·瑞切爾伯格（Suzanne Reichenberg）？當今眾人已經忘了她，但蘇塞特可麗餅（crêpes Suzette）與蜜桃梅爾芭在一個世紀後，仍持續出現在我們的餐桌上。也許這就是偉大的料理對凡人的報復吧。

Pêche Melba

蜜桃梅爾芭

準備時間
10分鐘（前一天）
+15分鐘（當天）

烹調時間
約20分鐘

8個蜜桃梅爾芭

桃子 **8至12個**
香草冰淇淋 **1公升**
（見188頁食譜）

Le sirop 糖漿
礦泉水 **1公升**
砂糖 **500克**
香草莢 **1根**
檸檬汁 **1顆**

Les amandes effilées grillées
烤杏仁片
杏仁片 **100克**
蔗糖糖漿 **100克**

La crème Chantilly
鮮奶油香醍
液狀鮮奶油 **200克**
砂糖 **15克**
香草精（vanille liquide）**5克**

Le coulis de framboise
覆盆子庫利
覆盆子 **3盒**
砂糖 **60克**

前一天，製作糖漿。將礦泉水、糖、剖開取籽的香草莢和檸檬汁煮沸後續煮5分鐘。

—

在桃子底部劃出十字紋。浸入一鍋沸水中30秒。撈起瀝乾放入極冰涼的水中冰鎮，再去皮。

—

將桃子放入糖漿中。用盤子蓋住桃子，避免浮起浸漬至隔天。

—

當天，將沙拉攪拌盆冷凍15分鐘。將桃子切半並去核。

—

旋風式烤箱預熱至150℃。

—

製作烤杏仁片。混合杏仁和蔗糖糖漿，攤在鋪有烘焙專用烤盤紙的烤盤上。烤15分鐘，將杏仁片烤成金黃色。出爐時將杏仁片分開。

—

製作鮮奶油香醍。在冰過的沙拉攪拌盆中將液狀鮮奶油攪打成鮮奶油香醍，中途混入糖和香草精。將鮮奶油香醍倒入裝有8齒星形擠花嘴的擠花袋中。

—

製作覆盆子庫利。用蔬果研磨器（moulin à légumes）將覆盆子磨成泥，混入糖並拌勻。冷藏保存。

—

最後一刻，在8個高腳玻璃杯中各舀入2球香草冰淇淋，接著在旁邊放入2至3個切半的桃子。淋上覆盆子庫利，擠出玫瑰花狀的鮮奶油香醍裝飾，並撒上烤杏仁片。立刻品嚐。

Pommes, poires, crues et cuites, marrons braisés, glace à la bière blanche de Hoegaarden

生熟蘋梨煮栗子佐豪格登白啤酒冰淇淋

準備時間
15分鐘（前一天）
+20分鐘（當天）

烹調時間
約8分鐘

8人份

La glace à la bière blanche de Hoegaarden
豪格登白啤酒冰淇淋
液狀鮮奶油 **250克**
檸檬皮 **½顆**（未經加工處理）
蛋黃 **75克**
砂糖 **100克**
豪格登白啤酒 **250克**

Les pommes séchées 蘋果乾
礦泉水 **200克**
砂糖 **250克**
檸檬汁 **50克**
蘋果（granny smith品種）**2顆**

Le jus à la cardamome 荳蔻汁
礦泉水 **250克**
砂糖 **25克**
檸檬汁 **5克**
玉米澱粉 **15克**
綠荳蔻粉 **1撮**

La chair de citron 檸檬果肉
檸檬 **1顆**

Les marrons braisés 煮栗子
奶油 **30克**
熟栗子 **200克**
（真空包裝）
紅糖 **30克**
罐裝砂勞越黑胡椒研磨 **2圈**

Les poires poêlées 燴洋梨
西洋梨（passe-crassane品種）
4顆
檸檬汁 **½顆**
奶油 **35克**
砂糖 **35克**

Les fins copeaux crus de pomme et de poire
生蘋梨刨花
蘋果（granny smith品種）**1顆**
西洋梨（passe-crassane品種）
1顆
檸檬汁 **½顆**

最後完成
青檸果凝（gelée de citron vert）
1罐（200克）

《冰淇淋聖代（*sundae*）
是一款比冰淇淋更華麗的甜點，
這裡的版本更精緻。我憑著想像力，
將以下的不同風味混合在一起：
微苦的啤酒冰淇淋、酥脆的乾燥蘋果、
柔軟口感的洋梨、酸酸的切瓣檸檬，
以及富異國風情的荳蔻汁。》

前一天，製作啤酒冰淇淋。將鮮奶油和檸檬皮煮沸，過濾。混合蛋黃和糖，並加入過濾的鮮奶油，以小火煮至蛋奶醬達85℃，不停攪拌。倒入沙拉攪拌盆，下墊一盆冰塊降溫。一邊攪拌，讓蛋奶醬冷卻後再冷藏至使用前。

—

旋風式烤箱預熱至40℃。
—

製作蘋果乾。將礦泉水和糖煮沸，加入檸檬汁。用刨片器（mandoline）將蘋果切成2公釐薄片。將蘋果片浸入糖漿中再立即撈起，放在鋪有矽膠烤盤墊的烤盤上。放入烤箱烤8小時並放至隔夜。

—

當天，將啤酒加入前一天完成的蛋奶醬中，以手持式攪拌棒打至均勻，接著倒入冰淇淋機依使用說明製成冰淇淋。將冰淇淋取出，冷凍保存。

—
...

Pommes, poires, crues et cuites, marrons braisés,
glace à la bière blanche de Hoegaarden

製作荳蔻汁。在平底深鍋中加熱礦泉水、糖、檸檬汁、玉米澱粉和綠荳蔻粉至沸騰，倒入沙拉攪拌盆中冷卻備用。

—

處理檸檬果肉。將檸檬兩端切掉，縱向切去皮，再沿著白膜切下果瓣，每一瓣分切成3小塊。

—

製作煮栗子。將奶油加熱至融化，加入栗子和紅糖，磨入胡椒，煮3至4分鐘，接著弄碎成大塊。

—

製作燴洋梨。不要削皮，將洋梨縱切並去籽，等切成8份，淋上檸檬汁。將奶油加熱至融化，接著加入洋梨和糖，煮3至4分鐘。

—

製作生蘋梨刨花。用刨切器將蘋果和洋梨削成薄片，淋上檸檬汁。

—

用二支湯匙製作橢圓（丸）狀的啤酒冰淇淋，擺在8個餐盤的中央。鋪上燴洋梨和蘋梨刨花。撒上煮栗子、塊狀的檸檬果肉和蘋果乾薄片。在周圍淋上荳蔻汁並放上檸檬果凝。立即品嚐。

LA SACHER-TORTE

薩赫蛋糕

—

薩赫蛋糕的故事，述說了一名富有才華的小角色，如何在因緣際會之下，被逼上梁山擔當重任，進而一舉成名。這是1832年的維也納，梅特涅（Metternich）親王，同時也是奧地利的首相，正準備一場宴會，來歡迎一位重要賓客的造訪。親王已經下令製作一道特殊的甜點，但廚房裡一片驚慌失措，因為甜點主廚臨時生病了。幸好，當時只有16歲的年輕學徒法蘭茲・薩赫（Franz Sacher），有著敏感的味蕾和巧手，師傅不在，他就接受挑戰，開始製作一份巧克力含量比平常更高的巧克力蛋糕。他混合同樣比例的麵粉和可可粉，在蛋糕表面淋上漂亮的巧克力鏡面。採用了相當大膽的基本概念，在蛋糕裡抹上一層杏桃果醬也是創舉。大家品嚐之後，這道充滿創意的作品大受好評，這款糕點就被稱為：薩赫蛋糕。很快地，維也納的上流社會想要更多的薩赫蛋糕，於是年輕的法蘭茲就開了一家店來供應同胞的需求，也使他名利雙收。薩赫的長子愛德華（Édouard）進一步地改良食譜，在1876年建立了維也納薩赫飯店（Sacher Hotel in Vienna）。

當薩赫家族的第三代接管事業時，卻遭逢命運的困境。薩赫的孫子，也叫做愛德華（Édouard），出現了財務上的困難，不得不將製作薩赫蛋糕的專利，轉賣給糕點師德梅爾（Demel）。當時，這座首都的所有麵包店都已經在複製這款蛋糕，並受到不同程度的歡迎，因為它已經成為維也納生活方式的一種象徵。德梅爾現在有權在蛋糕上，以巧克力寫上Ur-Sachertorte「創始」。但是，在法蘭茲・薩赫的食譜中，有個事關重大的小細節：組合的每層蛋糕中間，都會抹上大量的杏桃果醬，而德梅爾的薩赫蛋糕，只在蛋糕的表面、巧克力鏡面的下方，抹上一層薄薄的杏桃果醬。

薩赫飯店的繼承人，並不希望失去招牌甜點。第二次世界大戰結束後，他們將德梅爾告上法庭，開啓了長達七年的訴訟過程。期間，整個維也納也分裂成兩個陣營，報章雜誌稱之為「甜點的七年戰爭guerre de sept ans doux」。1962年，法院終於將製作「真正」薩赫蛋糕的權利判給了薩赫飯店。

數十年後，薩赫飯店與德梅爾麵包店同時供應兩種不同版本的薩赫蛋糕。前者以圓形的巧克力片裝飾；後者則使用三角形巧克力片。一個搭配一大杓鮮奶油香醍（Chantilly Cream），另一個則不加。然而，如果你到薩赫飯店的廚房參觀一下，就會發現這場歷史性的戰爭仍然留下了痕跡。兩層蛋糕中間是塗上了杏桃果醬沒錯，但蛋糕表面的巧克力鏡面之下，也塗上了厚厚一層。如此一來，口感更柔軟滑順，水果與巧克力的融合風味也無比迷人。這證明了最好的食譜，經過了時間的歷練，更能吸收新的靈感，持續演化。

Sachertorte

薩赫蛋糕

著名薩赫蛋糕的德梅爾（Demel）版本

準備時間
50分鐘

烹調時間
50分鐘

冷藏時間
30分鐘

8人份

Le biscuit Sacher 薩赫蛋糕體
可可脂含量66%的加勒比
Caraïbe黑巧克力（Valrhona）
180克
回軟奶油**160克**
糖粉**70克**
蛋黃**140克**
蛋白**210克**
砂糖**130克**
麵粉**160克**

杏桃果醬**200克**
（無果粒）

Le glaçage 鏡面
礦泉水**140克**
砂糖**400克**
加勒比黑巧克力**200克**

旋風式烤箱預熱至170℃。

—

為直徑24公分的慕斯圈刷上奶油並撒上麵粉。擺在直徑多出4公分的烘焙專用烤盤紙上，將超出的部分向慕斯圈外側折起，形成底部，以避免麵糊流出。

—

製作薩赫蛋糕體。將巧克力隔水加熱至融化，攪打奶油、糖粉和融化的巧克力5分鐘，接著加入蛋黃，一次一顆至均勻。

—

將蛋白和砂糖打至軟性發泡的蛋白霜。將三分之一的打發蛋白霜和巧克力等備料混合，然後再混入剩餘的打發蛋白霜，以及過篩的麵粉。

—

將麵糊倒入慕斯圈中，入烤箱烤50分鐘。將薄刀身插入蛋糕中央，確認熟度：刀子抽出時必須保持乾燥。取出在網架上放涼。

—

將慕斯圈移去。用鋸齒刀將冷卻的蛋糕修切，讓蛋糕表面呈微微圓澎狀。將杏桃果醬煮沸，在整個蛋糕表面淋上極薄的一層果醬。

—

製作鏡面。將礦泉水、糖和巧克力以醬汁鍋煮沸至108℃。稍稍放至降溫讓巧克力鏡面產生稠度且具有光澤，一次淋在蛋糕上。讓巧克力鏡面放涼並凝固至少30分鐘，接著清乾淨滴下的鏡面醬汁，並將薩赫蛋糕擺在餐盤上。搭配鮮奶油香醍（材料外）品嚐。

Carrément Chocolat

百分百巧克力蛋糕

準備時間
2小時

烹調時間
約40分鐘

冷凍時間
3小時

冷藏時間
3小時

8人份

Le moelleux au chocolat
巧克力軟心蛋糕
可可脂含量72%的阿拉瓜尼(Araguani)黑巧克力(Valrhona) **125克**
室溫奶油 **125克**
砂糖 **110克**
全蛋 **100克**
麵粉 **35克**

La crème onctueuse au chocolat 滑順巧克力奶油醬
阿拉瓜尼黑巧克力 **70克**
全脂鮮乳 **100克**
液狀鮮奶油 **100克**
蛋黃 **50克**
砂糖 **50克**

La mousse au chocolat
巧克力慕斯
阿拉瓜尼黑巧克力 **170克**
全脂鮮乳 **80克**
蛋黃 **20克**
蛋白 **120克**
砂糖 **20克**

La fine plaque de chocolat craquante 巧克力薄片
阿拉瓜尼黑巧克力 **100克**

La sauce au chocolat 巧克力醬
阿拉瓜尼黑巧克力 **50克**
礦泉水 **95克**
砂糖 **35克**
高脂鮮奶油(crème fraîche épaisse) **50克**

Le glaçage au chocolat
巧克力鏡面
阿拉瓜尼黑巧克力 **100克**
液狀鮮奶油 **80克**
維耶特奶油(beurre de La Viette) **20克**
巧克力醬 **100克**

《 我想要用一種現代的巧克力蛋糕,
與來自另一個時代、
世界知名的巧克力蛋糕
─薩赫蛋糕─形成對比。
它要有多樣化的質感,並彼此呼應。》

旋風式烤箱預熱至170℃。為邊長20×高4至5公分的高邊正方形烤模刷上奶油,撒上麵粉(份量外),再倒出多餘的粉。

—

製作巧克力軟心蛋糕。將巧克力切碎,放入碗中以隔水加熱的方式融化,將分切成小塊的奶油、糖、蛋加入融化的巧克力中拌勻,再加入過篩的麵粉拌勻成麵糊。將麵糊倒入模型中,入烤箱烤20分鐘。蛋糕體必須呈現未全熟的狀態。將蛋糕體倒扣在網架上,接著脫模。將蛋糕體放涼。擦拭模型並沖洗後擦乾,接著鋪上保鮮膜,再將蛋糕體放回。

—

製作滑順巧克力奶油醬。用鋸齒刀將巧克力切碎。糖與蛋黃混合均勻。將牛奶和鮮奶油以平底深鍋煮沸,接著倒入糖與蛋黃的備料中拌勻。再全部倒回平底深鍋中,以中火加熱,攪拌至達85℃。將蛋奶醬分三次倒入切碎的巧克力中,每加入一次蛋奶醬,都要攪拌均勻,接著用手持式電動攪拌棒攪打。將均勻的滑順巧克力奶油醬淋在冷卻的蛋糕體上,冷藏1小時,接著冷凍1小時。

—

製作巧克力慕斯。用鋸齒刀將巧克力切碎,隔水加熱至融化。將牛奶煮沸,將牛奶倒入融化的巧克力中,一邊攪拌至巧克力變得平滑。混入蛋黃並拌勻。將蛋白和1撮糖打成泡沫狀,接著加入剩餘的糖繼續打發成蛋白霜。在巧克力中混入三分之一的打發蛋白霜,接著再輕輕混入剩餘的蛋白霜。

—

...

264 將巧克力慕斯倒入滑順巧克力奶油醬上。用抹刀將表面抹平，冷凍保存2小時。

—

製作巧克力薄片。用鋸齒刀將巧克力切碎，隔水加熱至融化。在室溫下放涼，直到巧克力變得濃稠，接著再隔水加熱幾秒即可，一邊攪拌至31或32℃。將巧克力倒在透明塑膠片（feuille de Rhodoid）上，抹平。在巧克力開始凝固前，以小刀劃切出1塊與蛋糕大小相同的方塊。鋪上另一張透明塑膠片和重物，以免巧克力片在晾乾時變形。冷藏保存2小時。

—

製作巧克力醬。在平底深鍋中，以小火將鋸齒刀切碎的巧克力、礦泉水、糖和鮮奶油煮沸，全部拌勻，以小火煮沸至醬汁可以附著在刮刀上。

—

製作巧克力鏡面。用鋸齒刀將巧克力切碎。將鮮奶油煮沸，接著離火。分幾次將煮沸的鮮奶油混入巧克力，並從中央向外攪拌。放涼至60℃後加入奶油，接著是巧克力醬，攪拌均勻。

—

將蛋糕從模型中取出並移去保鮮膜。用小湯匙沿著蛋糕的四邊淋上巧克力鏡面（巧克力鏡面必須放至微溫，35至40℃之間），接著淋在中央。用抹刀將鏡面鋪至邊緣。讓巧克力鏡面凝固幾分鐘後擺至餐盤上。將巧克力薄片從透明塑膠片上取下，裝飾在蛋糕上。品嚐前以冷藏解凍2小時。（＊照片是多加一小塊鋪有金箔的巧克力薄片來裝飾。）

Tarte Tatin

翻轉蘋果塔

準備時間
20分鐘（前一天）
+50分鐘（當天）

烹調時間
約2小時20分鐘

冷藏時間
1小時

6至8人份

蘋果（golden或 cox-orange、boskoop 品種）**1.5公斤**
砂糖**200克**
＋烹調用量
半鹽奶油（beurre demi-sel）
130克
反折疊派皮（pâte feuilletée inversée）**150克**
（見268頁食譜）

前一天，將蘋果削皮並切半，接著挖去果核和籽，再縱切成兩半。

—

旋風式烤箱預熱至150℃。

—

在平底深鍋中將糖煮成呈現深琥珀色的焦糖，加入分成小塊的奶油。將焦糖倒入直徑26公分的高邊烤模（moule à manqué）中，再把蘋果筆直且緊密地排在烤模內。

—

將塔放進烤箱，依使用的蘋果品種而定，烤1小時15至1小時30分鐘。烤好取出在室溫下放涼至隔天。

—

當天，將折疊派皮擀成厚2.5公釐的圓形派皮。擺在鋪有烘焙專用烤盤紙的烤盤上，用叉子在派皮上戳洞。冷藏靜置1小時。

—

旋風式烤箱預熱至180℃。

—

為折疊派皮撒上糖，入烤箱烤10分鐘，接著將一個烤架和一個烤盤擺在派皮上，以免派皮過度膨脹。繼續烤20分鐘，最後的10分鐘將烤架和烤盤移開。出爐後，將派皮裁成直徑26公分的圓形派皮。

—

將裝有蘋果的模型放入烤箱，加熱10分鐘，接著將烤好且冷卻的折疊派皮擺在蘋果上。

—

將餐盤擺在模型上，並迅速將塔倒扣，同時雙手各別緊緊地壓著模型和餐盤。

—

以高脂鮮奶油（crème fraîche épaisse）、凝脂奶油（clotted cream）、1球香草冰淇淋或鹹奶油焦糖冰淇淋來搭配微溫的塔享用（不要太燙）。

Pom, pomme, pommes

蘋・蘋・蘋果！

準備時間
15分鐘（前一天）
+20分鐘（當天）

烹調時間
10小時（前一天）
+8小時（當天）

冷凍時間
4小時

10人份

L'étuvée de pommes de dix heures 10小時煨蘋果
柳橙皮末 **1**顆（未經加工處理）
砂糖 **60**克
蘋果（reine des reinettes、cox-orange 或 calville 品種）**1.4**公斤
融化的奶油 **30**克

Le sirop léger 淡糖漿
礦泉水 **200**克
砂糖 **250**克
檸檬汁 **50**克

Les chips de pomme 蘋果脆片
青蘋果（tentation 品種）**2**顆

Le granité de pomme 蘋果冰沙
新鮮蘋果汁 **740**克
礦泉水 **200**克
檸檬汁 **40**克
玫瑰香萃 **3**克

Le sorbet aux pommes
蘋果雪酪
未削皮的蘋果（granny smith 品種）**3**顆
砂糖 **50**克
新鮮蘋果汁 **500**克
檸檬汁 **30**克
青蘋果（tentation 品種）**1**顆

Les cubes de pomme crue au citron et au poivre
檸檬胡椒生蘋果丁
蘋果（granny smith 品種）**1**顆
檸檬汁 **20**克
罐裝砂勞越黑胡椒研磨 **6**至 **7**圈

《這道『隨興』的蘋果塔
是一首真正的蘋果頌，
慶祝不同口感的各式蘋果：
有10小時慢火烘焙的糖煮蘋果、
生蘋果丁、清脆蘋果片、雪酪和冰沙。》

前一天，製作煨蘋果。旋風式烤箱預熱至90℃。

—

用雙手搓揉柳橙皮末和糖。將蘋果削皮並切半，接著挖去果核和籽。將蘋果切成薄片，擺在盤中，每擺上一層就用掌心按壓，每層都刷上薄薄一層融化的奶油再撒上柳橙糖。用保鮮膜包好，入烤箱烤10小時。出爐後放涼。冷藏保存至隔天。

—

當天，去掉煨蘋果可能留下的奶油痕跡，在濾網中瀝乾。

—

製作淡糖漿。將礦泉水和糖煮沸，接著加入檸檬汁。

—

旋風式烤箱預熱至40℃。

—

製作蘋果脆片。將蘋果切半，並用刨片器切成薄片。浸泡在淡糖漿中再撈起，然後擺在烤盤墊上。入烤箱烘乾8小時。1至2小時後，將烤盤墊上的蘋果片翻面。

—

製作蘋果冰沙。在製冰盒中混合蘋果汁、礦泉水、檸檬汁和玫瑰香萃。入冷凍庫冷凍4小時，每20分鐘就用叉子攪拌一次。

—

...

282　製作蘋果雪酪。不要削皮，將蘋果切成4塊，挖去果核和籽，切成小塊。將糖、蘋果汁和檸檬汁，以中火煮15分鐘，和未削皮但切成小塊的生蘋果一起用食物料理機攪打。依雪酪機說明，讓備料凝固成雪酪。

—

在最後一刻製作檸檬胡椒生蘋果丁。將蘋果切成邊長5至6公釐的小丁。淋上檸檬汁並磨上胡椒拌勻。

—

在10個馬丁尼酒杯中填入10小時煨蘋果至一半的高度，在表面撒上檸檬胡椒生蘋果丁，蓋上蘋果冰沙，在上方擺上1球蘋果雪酪，並在雪酪中插上8片蘋果脆片。立即享用。

Index des ingrédients 食材索引

284

Bibliographie 參考書目

286

L'Art culinaire français, Paris, Flammarion, 1943.

Barel (Michel), *Du cacao au chocolat, l'épopée d'une gourmandise,* Versailles, Éditions Quæ, 2009.

Bourdon (Viviane), *Savoureuse Pologne, 160 recettes culinaires et leur histoire,* Montricher, Les Éditions Noir sur blanc, Paris, La Librairie polonaise, 2002.

Brécourt-Villars (Claudine), *Mots de table, mots de bouche, dictionnaire étymologique et historique du vocabulaire classique de la cuisine et de gastronomie,* Paris, La Table ronde, 2009.

Cammas (Alexandre), *Recettes parisiennes,* Rodez, Éditions Subervie, 1998.

Carême (Marie-Antoine, dit Antonin), *Le Pâtissier royal parisien ou Traité élémentaire et pratique de la pâtisserie ancienne et moderne,* Paris, J.-G. Dentu, 1815.

Charrette (Jacques) et Vence (Céline), *Le Grand Livre de la pâtisserie et des desserts,* Paris, Albin Michel, 1995.

Courtine (Robert Jullien), *La Cuisine des terroirs, traditions et recettes culinaires de nos provinces,* Lyon, La Manufacture, 1989.

Curnonsky et Rouff (Marcel), *La France gastronomique, guide des merveilles culinaires et des bonnes auberges françaises,* Paris, F. Rouff, 1921.

Davidson (Alan), *The Oxford Companion to Food,* Oxford, Oxford University Press, 1999.

Dubois (Urbain), *Grand Livre des pâtissiers et des confiseurs,* Paris, E. Dentu, 1883.

Dumas (Alexandre), *Grand Dictionnaire de cuisine,* Paris, A. Lemerre, 1873.

Escoffier (Auguste), *Le Guide culinaire, aide-mémoire de cuisine pratique,* Paris, Art culinaire, 1903.

Flandrin (Jean-Louis) et Montanari (Massimo), *Histoire de l'alimentation,* Paris, Fayard, 1996.

Gilliers (Joseph), *Le Cannameliste français ou Nouvelle Instruction pour ceux qui désirent d'apprendre l'office,* Lunéville, 1751.

Glasse (Hannah), *The Art of Cookery,* 1747.

Gouffé (Jules), *Le Livre de pâtisserie,* Paris, Hachette, 1873.

Le Grand Larousse gastronomique, Paris, Larousse, 2007.

Hyman (Philip et Mary), *L'Inventaire du patrimoine culinaire de la France,* 22 volumes, Paris, Albin Michel/CNAC, 1991-2007.

Lacam (Pierre), *Le Mémorial historique et géographique de la pâtisserie, contenant 1 600 recettes de pâtisserie, glaces et liqueurs,* Vincennes, 1890.

Le Larousse gastronomique, Paris, Larousse, 1984.

La Varenne (Pierre de), *Le Pastissier françois,* Paris, 1653.

Leslie (Eliza), *Seventy-five Receipts for Pastry, Cakes, and Sweetmeats,* Boston, Munroe and Francis, 1828.

Massialot (François), *Le Nouveau Cuisinier royal et bourgeois,* 1691.

Menon, *Les Soupers de la cour ou l'Art de travailler toutes sortes d'aliments pour servir les meilleures tables, suivant les quatre saisons,* Paris, Guillyn, 1755.

Rundell (Maria), *A New System of Domestic Cookery,* 1806.

Segreto (John J.), *Cheesecake Madness,* Newton, Biscuit Books, 1996.

Sender (S.G.) et Derrien (Marcel), *La Grande Histoire de la pâtisserie-confiserie française,* Genève, Minerva, 2003.

Simmons (Amelia), *American Cookery,* 1796.

Taillevent, Tirel (Guillaume), dit, *Le Viandier,* 1515.

Toussaint-Samat (Maguelonne), *La Très Belle et Très Exquise Histoire des gâteaux et des friandises,* Paris, Flammarion, 2004.

Vitaux (Jean) et France (Benoît), *Dictionnaire du gastronome,* Paris, PUF, 2008.

Durand (Sébastien), *Du sacré au sucré.* http://du-sacre-au-sucre.blogspot.com

Remerciements 致謝

Pierre Hermé 皮耶·艾曼誠摯感謝
可可·喬巴Coco Jobard、洛洪·弗Laurent Fau、安娜·普拉瓊（Anna Plagens）、米卡埃·瑪索里耶（Mickaël Marsollier）和安德烈·路許（André Loutsch）。也謝謝尼古拉·布桑（Nicolas Boussin）、君度橙酒（Grand Marnier）、克麗絲戴兒·貝納代（Christelle Bernardé）、達洛約（Dalloyau）、范翠絲卡·卡絲蒂那尼（Francesca Castignani）和大維富（Le Grand Véfour）的吉·馬汀（Guy Martin）。

可可·喬巴（Coco Jobard）衷心感謝亞希安娜·拉肯巴謝（Ariane Lackenbacher）、瑪希紙業（Marie Papier）、席琳娜·戴博德（Céline Desbordes）和卡特琳娜·朵洪（Catherine Tauran）、吉德設計壁紙（papiers peints Designers Guild）、貝納多（Bernardaud）提供的瓷器和Riedel水晶杯。也謝謝以下人士的參與：吉·馬汀（Guy Martin）、克莉絲汀·法珀（Christine Ferber）、達洛約（Dalloyau）的克麗絲戴兒·貝納代（Christelle Bernardé）和蒙索皇家酒店（Le Royal Monceau）。

伊芙瑪希·紀札拉魯（Ève-Marie Zizza-Lalu）感謝美食圖書館（La Librairie Gourmande）、米歐爾·塔馬（Michel Trama）、與美食國王史坦尼斯拉斯共桌（À la Table du bon roi Stanislas）和編輯歐黛·蒙都（Aude Mantoux）。

系列名稱 / PIERRE HERMÉ

書　名 / Pierre Hermé 的糕點夢

作　者 / PIERRE HERMÉ 皮耶‧艾曼

出版者 / 大境文化事業有限公司

發行人 / 趙天德

總編輯 / 車東蔚

食譜翻譯 / 林惠敏　歷史翻譯 / 胡淑華

文 編‧校 對 / 編輯部

美　編 / R.C. Work Shop

地址 / 台北市雨聲街77號1樓

TEL / (02) 2838-7996

FAX / (02) 2836-0028

初版日期 / 2017年5月

定　價 / 新台幣1580元

ISBN / 9789869451406

書　號 / PH07

讀者專線 / (02) 2836-0069

www.ecook.com.tw

E-mail / service@ecook.com.tw

劃撥帳號 / 19260956大境文化事業有限公司

RÊVES DE PÂTISSIER

First published by Editions de La Martinière, in 2014.

This Chinese language (Complex Characters) edition published by arrangement with
Editions de La Martinière, une marque de la société EDLM, Paris.

Traditional Chinese edition copyright: 2017 T.K. Publishing Co.

All rights reserved.

©2017, Editions de La Martinière, une marque de la société EDLM, Paris

Photographies : Laurent Fau

Rédaction des recettes : Coco Jobard

Historiques : Ève-Marie Zizza-Lalu

Création graphique et mise en page : Marie-Paule Jaulme

Adaptation des textes : Laurence Alvado

文本改編：洛宏斯‧阿瓦多 (Laurence Alvado)

攝影：洛洪‧弗 Laurent Fau

食譜編輯：可可‧喬巴 Coco Jobard

歷史：伊芙瑪希‧紀札拉魯 Ève-Marie Zizza-Lalu

國家圖書館出版品預行編目資料

Pierre Hermé 的糕點夢

PIERRE HERMÉ 皮耶‧艾曼 著；--初版.--臺北市

大境文化，2017［民106］288面：24×29公分.

（PIERRE HERMÉ；PH07）　ISBN 9789869451406

1.Pastry.　2.Pastry-History　3.點心食譜　　427.16　　106002829